国際単位系（SI）

分類	物理量	名称	記号
基本単位	長さ	メートル	m
	質量	キログラム	kg
	時間	秒	s
	電流	アンペア	A
	熱力学温度	ケルビン	K
	物質量	モル	mol
	光度	カンデラ	cd
組立単位の例	面積	平方メートル	m^2
	体積	立方メートル	m^3
	密度	キログラム毎立方メートル	kg/m^3
	モル濃度	モル毎立方メートル	mol/m^3
	速さ	メートル毎秒	m/s
	角速度	ラジアン毎秒	rad/s
	加速度	メートル毎秒毎秒	m/s^2
	角加速度	ラジアン毎秒毎秒	rad/s^2
	輝度	カンデラ毎平方メートル	cd/m^2
	力のモーメント	ニュートンメートル	N·m
	熱容量	ジュール毎ケルビン	J/K
	電界の強さ	ボルト毎メートル	V/m
	磁界の強さ	アンペア毎メートル	A/m
	誘電率	ファラド毎メートル	F/m
	透磁率	ヘンリー毎メートル	H/m

分類	物理量	名称	記号	表し方	基本単位による表し方
固有の名称をもつ組立単位	平面角	ラジアン	rad		$m·m^{-1}$
	立体角	ステラジアン	sr		$m^2·m^{-2}$
	周波数	ヘルツ	Hz		s^{-1}
	力	ニュートン	N		$m·kg·s^{-2}$
	圧力, 応力	パスカル	Pa	N/m^2	$m^{-1}·kg·s^{-2}$
	エネルギー, 仕事, 熱量	ジュール	J	N·m	$m^2·kg·s^{-2}$
	仕事率, 電力	ワット	W	J/s	$m^2·kg·s^{-3}$
	電気量, 電荷	クーロン	C		A·s
	電圧, 電位	ボルト	V	J/C	$m^2·kg·s^{-3}·A^{-1}$
	静電容量	ファラド	F	C/V	$m^{-2}·kg^{-1}·s^4·A^2$
	電気抵抗	オーム	Ω	V/A	$m^2·kg·s^{-3}·A^{-2}$
	コンダクタンス	ジーメンス	S	A/V	$m^{-2}·kg^{-1}·s^3·A^2$
	磁束, 磁荷, 磁気量	ウェーバ	Wb	V·s	$m^2·kg·s^{-2}·A^{-1}$
	磁束密度	テスラ	T	Wb/m^2	$kg·s^{-2}·A^{-1}$
	インダクタンス	ヘンリー	H	Wb/A	$m^2·kg·s^{-2}·A^{-2}$
	光束	ルーメン	lm		cd·sr
	照度	ルクス	lx	lm/m^2	$m^{-2}·cd·sr$
	放射能	ベクレル	Bq		s^{-1}
	吸収線量	グレイ	Gy	J/kg	$m^2·s^{-2}$
	線量当量	シーベルト	Sv	J/kg	$m^2·s^{-2}$

まえがき

　工業高等専門学校は，1962年に発足して以来すでに半世紀を経過し，その間に多くの有為な人材を社会に送り出している．その教育内容についても，多くの試行錯誤を経て改善されてきた．

　しかし，物理の教科書については，二つの点で難しい点があった．一つは，中学を卒業したばかりの学生が入学してくるため，最初のうちは前提とする基礎知識が十分でなく，物理の教科書を難しいと感じてしまうのである．もう一つは，卒業生は即戦力となることを期待されているため，物理の教科書も「本格的」であることを期待されているのである．そこで，印刷技術の進歩により，フルカラーの教科書が容易になったこともあり，新しい教科書を著すことにした．

　本書は，フルカラーであることに加え，図を増加し，例題を増加し，物理的記述を平易にしつつ本格的であることを目指して，執筆者が互いに担当以外の章の原稿を査読し，いっそう相互の批判を高め，内容を，できるだけ共通性の高いものにするよう努めた．この点は，特筆に価すると思う．

　また，第1章の力学は，中学を卒業したばかりの学生が学ぶことを考慮して，わかりやすさを重視し，後の章では，高専を卒業する学生が習得すべき基礎知識という点を重視してある．

　さらに，技術者を養成するという高専の特徴から，巻末の付録に，有効数字について解説を加えた．問題演習のときなどに，学生に注意を払うよう指導されたい．なお，本書の問題では，途中結果と最終結果を問うていることがある．その場合，途中結果は四捨五入して有効数字を考慮してあるが，最終結果を計算するときの途中結果の値としては，四捨五入する前の値を使用している．

　本書には，不十分な箇所も残っていると考えられるが，隔意のないご意見やご叱正をいただければ幸いである．

　本書の中で示した実験の多くは，本書をご採用いただいた教員向けの教材として，写真あるいは動画を森北出版のWebページで提供している．ぜひご活用されたい．また，機材の提供と撮影協力をいただいた株式会社島津理化に感謝の意を表する．

2013年8月

潮　秀樹

目次

第1章 力と運動

1.1 運動の表し方 … 1
- 1.1.1 速さ … 1
- 1.1.2 速度と変位 … 2
- 1.1.3 平均の速度 … 3
- 1.1.4 瞬間の速度 … 4
- 1.1.5 加速度 … 5
- 1.1.6 等速直線運動 … 7
- 1.1.7 等加速度直線運動 … 7

1.2 力と運動の法則 … 11
- 1.2.1 力 … 11
- 1.2.2 質量 … 12
- 1.2.3 運動の第1法則(慣性の法則) … 13
- 1.2.4 運動の第2法則(運動方程式) … 14
- 1.2.5 運動の第3法則(作用・反作用の法則) … 16
- 1.2.6 重力と万有引力 … 17
- 1.2.7 ばねの力 … 20
- 1.2.8 垂直抗力と摩擦力 … 22

1.3 いろいろな運動 … 25
- 1.3.1 2物体の運動 … 25
- 1.3.2 自由落下 … 30
- 1.3.3 鉛直投げ上げ … 32
- 1.3.4 摩擦力がはたらく運動 … 33

1.4 力積と運動量 … 34
- 1.4.1 力積 … 34
- 1.4.2 運動量 … 34
- 1.4.3 力積と運動量の変化 … 34
- 1.4.4 運動量保存の法則 … 36
- 1.4.5 反発係数 … 37

1.5 力学的エネルギー … 39
- 1.5.1 仕事 … 39
- 1.5.2 仕事とエネルギー … 40
- 1.5.3 運動エネルギー … 40
- 1.5.4 位置エネルギー … 41
- 1.5.5 力学的エネルギーの保存 … 44

1.6 平面・空間での運動 … 48
- 1.6.1 運動方程式の表し方 … 48
- 1.6.2 力の表し方とベクトルの性質 … 49
- 1.6.3 力の合成 … 50
- 1.6.4 力の分解 … 51
- 1.6.5 速度の合成 … 54
- 1.6.6 相対速度 … 55
- 1.6.7 平面における運動量保存の法則 … 57
- 1.6.8 仕事の原理 … 59
- 1.6.9 水平方向に投げ出した運動 … 60
- 1.6.10 斜めに投げ上げた運動 … 62
- 1.6.11 斜面上にある物体の運動 … 64
- 1.6.12 等速円運動 … 66
- 1.6.13 惑星の運動(ケプラーの法則) … 70
- 1.6.14 単振動 … 71
- 1.6.15 単振り子 … 76
- 1.6.16 慣性力 … 77

1.7 剛体や流体にはたらく力 … 80
- 1.7.1 力のモーメント … 80
- 1.7.2 流体の性質 … 83

章末問題 … 87

第2章 波動

2.1 光の進み方 … 89
- 2.1.1 光の速さ … 89
- 2.1.2 光の反射 … 90
- 2.1.3 光の屈折 … 91
- 2.1.4 光の全反射 … 93
- 2.1.5 レンズ … 95
- 2.1.6 眼と光学機器 … 101

2.2 直線上を伝わる波 … 103
- 2.2.1 波とは … 103
- 2.2.2 波の基本式 … 104

	2.2.3	正弦波	105

- 2.2.3 正弦波 …………………………………… 105
- 2.2.4 横波と縦波 ………………………………… 108
- 2.2.5 直線上を伝わる波の重ね合わせ ………… 109
- 2.2.6 直線上を伝わる波の反射による位相の変化 … 110
- 2.2.7 定常波 ……………………………………… 111

2.3 平面・空間を伝わる波 … 113

- 2.3.1 波面とホイヘンスの原理 ………………… 113
- 2.3.2 平面・空間を伝わる波の干渉 …………… 114
- 2.3.3 波の回折 …………………………………… 115
- 2.3.4 波の反射 …………………………………… 116
- 2.3.5 波の屈折 …………………………………… 117
- 2.3.6 波の全反射 ………………………………… 119

2.4 音　波 … 120

- 2.4.1 音の発生 …………………………………… 120
- 2.4.2 音の速さ …………………………………… 121
- 2.4.3 音の3要素 ………………………………… 122
- 2.4.4 音波の反射と屈折 ………………………… 124
- 2.4.5 音波の回折と干渉 ………………………… 125
- 2.4.6 うなり ……………………………………… 126
- 2.4.7 発音体の固有振動 ………………………… 128
- 2.4.8 共振と共鳴 ………………………………… 132
- 2.4.9 ドップラー効果 …………………………… 135

2.5 光　波 … 139

- 2.5.1 光とは ……………………………………… 139
- 2.5.2 光の回折と干渉 …………………………… 141
- 2.5.3 偏　光 ……………………………………… 149
- 2.5.4 光の分散とスペクトル …………………… 150
- 2.5.5 光の散乱 …………………………………… 152
- 2.5.6 レーザー …………………………………… 153
- 章末問題 ………………………………………… 154

付　録 …………………………………………………… 156
章末問題解答 …………………………………………… 160
索　引 …………………………………………………… 161

第1章 力と運動

私たちの身の周りには，いろいろな運動をするものがある．ここでは，運動に関する物理学を学ぶ．ここで学ぶ事柄は，物理学のいろいろな分野の基礎となるので，よく理解してもらいたい．1.5 節までは，直線上の運動を扱い，平面上の運動は，1.6 節以降で説明する．

1.1 運動の表し方

1.1.1 速 さ

たとえば，電車に乗って駅 A から駅 B まで移動する場合を考えよう．急行列車のように「速い」電車に乗ると，「遅い」普通列車に乗るより，短時間で駅 B に到着することができる．このように，物体の運動が速いか遅いかは，移動距離とそれにかかった時間で表される．動いた距離を時間で割った量を**速さ**という．

$$（速さ）= \frac{（動いた距離）}{（時間）} \tag{1.1}$$

時間の単位に秒（記号 s），距離の単位にメートル（記号 m）を用いると，速さの単位はメートル毎秒（記号 m/s）となる[†]．

図 1.1 は，一定の速さで動く電車について，駅 A からの距離を縦軸に，時間を横軸にとったグラフである．これを **x-t グラフ**という[††]．このグラフを使って電車の速さを求めよう．グラフをみると，電車は最初の 100 秒間で，駅 A から 2000 m 動いているから，電車の速さは次のようになる．

$$（速さ）= \frac{（動いた距離）}{（時間）} = \frac{2000\,\text{m}}{100\,\text{s}} = 20\,\text{m/s}$$

これは，図の直線の傾きに等しい．このように，速さは x-t グラフの直線の傾きとして表される．

[†] 時間の単位には，ほかに分（記号 min），時（記号 h）があり，速さの単位にはメートル毎分（記号 m/min）キロメートル毎時（km/h）などもよく使われる．

[††] 一般的に，縦軸（物体の位置）は x，横軸（時間）は t で表される．縦軸が x でない場合もあるが，本章ではまとめて x-t グラフとよぶ．

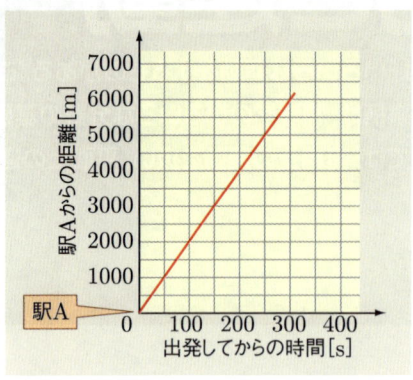

図1.1　電車の動いた距離と時間の関係

1.1.2 速度と変位

図 1.2 のように，電車が逆向きに駅 B から駅 A に動いても，速さは同じ値になる．そこで，逆に動いているときは $-20\,\mathrm{m/s}$ とマイナスをつけて表すことにする．このように，符号を含めて表した速さを**速度**という．つまり，速度は，速さと動く向きを表すものである．以下，直線上の運動であっても，正負の向きを考えるときは速度という言葉を用いる．同様に，動いた向きにより正負の符号をつけて，動いた距離と向きを表すものを**変位**という．速度は，変位を時間で割った量として表される．したがって，この電車の速度は，

$$（速度）=\frac{（変位）}{（時間）}=\frac{-2000\,\mathrm{m}}{100\,\mathrm{s}}=-20\,\mathrm{m/s}$$

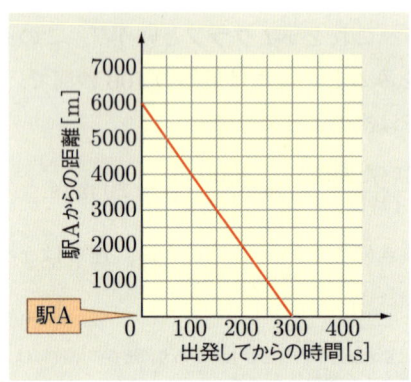

図1.2　電車の動いた距離と時間の関係

となる.これは,図の直線の傾きに等しい.運動の向きが負の場合,直線の傾きも負となっていることに注意してほしい.このように,正負の向きを考える場合も,速度は x-t グラフの直線の傾きとして表される.

1.1.3 平均の速度

実際の運動では,物体の速度は時間とともにさまざまに変化するので,時間としてどんな長い時間をとってもよいというわけではない.たとえば,実際の電車は,発車するとき,停車するときは徐々に速くなったり遅くなったりしており,図 1.3 のような x-t グラフになる.このように,速度が変化しているとき,最終的な変位を時間で割った量を**平均の速度**という.この場合,駅 A から駅 B まで動いた平均の速度は,次のようになる.

$$(平均の速度) = \frac{(変位)}{(時間)} = \frac{6000 \text{ m}}{300 \text{ s}} = 20 \text{ m/s}$$

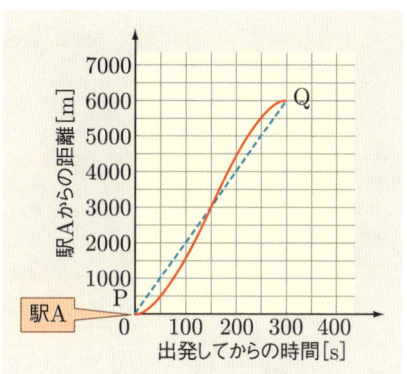

図1.3 実際の運動

これは 1.1.1 項の結果とまったく同じであるが,x-t グラフそのものの傾きではなく,電車が駅 A にいることを表す点 P と,駅 B にいることを表す点 Q を結ぶ直線の傾きであることに注意してほしい.このように,x-t グラフの 2 点間を結ぶ直線の傾きは,その区間の平均の速度に等しくなる.時間 t_1 における位置を x_1,時間 t_2 ($> t_1$) における位置を x_2 とすると,時間 $t_1 \sim t_2$ での平均の速度 v は,次式となる[†].

[†] 時間 t_1, t_2 は,時刻 t_1, t_2 ということもある.いずれも,動き始めてからの時間,または力がはたらき始めてからの時間という意味である.

$$v = \frac{x_2 - x_1}{t_2 - t_1} \tag{1.2}$$

1.1.4 瞬間の速度

　速度がほとんど変化しないくらい短い時間をとって求めた，ある一瞬における平均の速度を，**瞬間の速度**という．たとえば，図1.4のように，電車が駅Aを発車した直後に注目しよう．点Pと点Qの3秒間での平均の速度は次のようになる．

$$(\text{平均の速度}) = \frac{(\text{変位})}{(\text{時間})} = \frac{62 \text{ m} - 20 \text{ m}}{6 \text{ s} - 3 \text{ s}} = 14 \text{ m/s}$$

　これは，線分PQの傾きであるが，点Pと点Qの中間点における接線の傾きとほぼ一致している．点Pと点Qを近づけて，さらに時間間隔を短くすると，完全に一致すると考えてよい．すなわち，ある時間における瞬間の速度は，その時間での x-t グラフの接線の傾きに等しい．

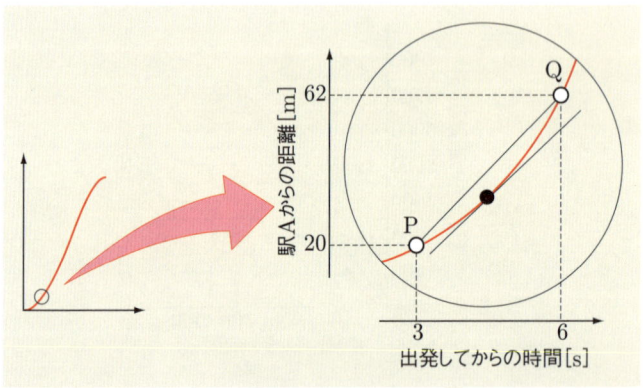

図1.4　拡大図

例題 1.1　基準点からの距離が次の表のようであるとして，以下の問いに答えよ．ただし，基準点からの距離は小数第3位まで，速度は小数第2位まで答えよ．

時間 t [s]	0	0.5	1.0	1.5	2.0	2.5	3.0
距離 s [m]	0	0.125	0.500	1.125	2.000	3.125	4.500

(1) この表を使って0.5秒ごとの平均の速度を計算し，速度の表を完成させよ．

たとえば，1.0秒から1.5秒の平均の速度は1.0〜1.5の欄に書け．
(2) 動いた距離の表を使って，動いた距離と時間のグラフを描け．次に，平均の速度を時間の平均のところにプロットして，速度のグラフを描け．たとえば，0秒から0.5秒の平均の速度は，0.25秒のところにプロットせよ．

解答

(1) 次のようになる．

時間 t [s]	0〜0.5	0.5〜1.0	1.0〜1.5	1.5〜2.0	2.0〜2.5	2.5〜3.0
速度 v [m/s]	0.25	0.75	1.25	1.75	2.25	2.75

(2) 図1.5のようになる．

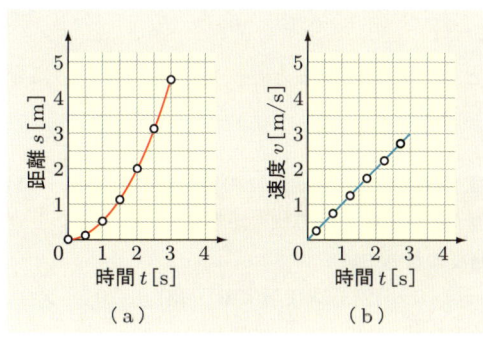

図1.5

1.1.5 加速度

図1.6のように，速度が変化する運動を考えよう．このように，縦軸に速度 v，横

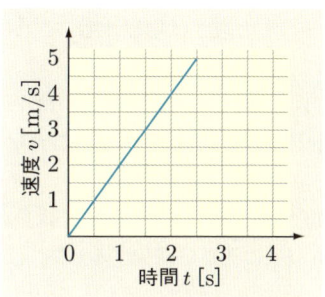

図1.6　加速度

軸に時間 t をとったグラフを **v-t グラフ**とよぶ．1秒間あたりの速度の変化を**加速度**という．加速度は速度の変化する割合ということもできる．式で書くと次のようになる．

$$（加速度）＝\frac{（速度の変化）}{（時間）} \tag{1.3}$$

加速度の単位は $[\mathrm{m/s^2}]$ となる．図のように1秒間に速度が $2\,\mathrm{m/s}$ 増加するとき，加速度は $2\,\mathrm{m/s^2}$ という．

時間 t_1 における速度を v_1，時間 t_2（$> t_1$）における速度を v_2 とすると，時間 $t_1 \sim t_2$ での平均の加速度 a は，次式となる．

$$a = \frac{v_2 - v_1}{t_2 - t_1} \tag{1.4}$$

ここで注意することは，速度が減るとき，加速度は負の値になるということである．

例題 1.2　オートバイの速度 v と加速度 a の符号が次の (1) 〜 (4) の場合，そのオートバイは次の (a) 〜 (d) のどの状態か答えよ．
速度と加速度の符号：
(1) $v > 0, a > 0$　　(2) $v > 0, a < 0$　　(3) $v < 0, a > 0$　　(4) $v < 0, a < 0$
オートバイの状態：
(a) 正の向きへ動き，アクセルを吹かしている
(b) 正の向きへ動き，ブレーキをかけている
(c) 負の向きへ動き，アクセルを吹かしている
(d) 負の向きへ動き，ブレーキをかけている

解答　(1) 速度が正（$v > 0$）である場合，オートバイは正の向きに動いている．加速度も正である場合，オートバイの速さは増加する．これはアクセルを吹かした状況で，**(a)** となる．
(2) 速度が正（$v > 0$）である場合，オートバイは正の向きに動いている．加速度が負である場合，オートバイの速さは減少する．これはブレーキをかけている状況で，**(b)** となる．
(3) 速度が負（$v < 0$）である場合，オートバイは負の向きに動いている．加速度が正である場合，オートバイの速さは減少する．これはブレーキをかけている状況で，**(d)** となる．
(4) 速度が負（$v < 0$）である場合，オートバイは負の向きに動いている．加速度も

負である場合，オートバイの速さは増加する．これはアクセルを吹かした状況で，(c) となる．

1.1.6 等速直線運動

一定の速度で直線上を進む運動を，**等速直線運動**という．速度の定義より，等速直線運動における速度 v，変位 s，時間 t の関係は，次のように表される．

$$s = vt \tag{1.5}$$

したがって，等速直線運動の x-t グラフは，図 1.7(a) のように原点を通る直線となり，v-t グラフは，図 1.7(b) のようになる．ここで，速度から変位を求めてみよう．式 (1.5) より，時間 t_0 における変位 s_0 は，

$$s_0 = vt_0$$

となる．これは，図に示した部分の面積に等しい．このように，変位は v-t グラフと時間軸の間の面積として表されることがわかる．

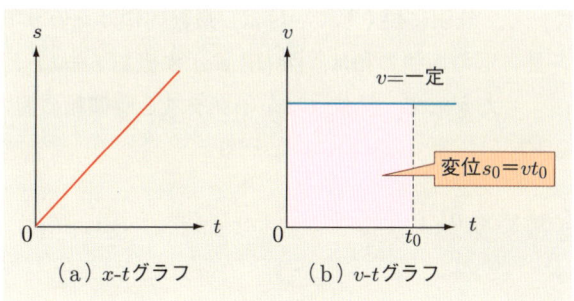

図1.7　等速直線運動

1.1.7 等加速度直線運動

一定の加速度で直線上を進む運動を，**等加速度直線運動**という．$t=0$ における速度（これを初速度という）がゼロの場合，加速度の定義から，速度 v，加速度 a，時間 t の関係は，次のように表される．

$$v = at \tag{1.6}$$

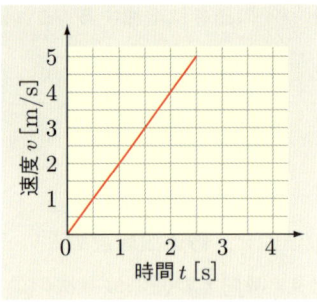

図1.8 等加速度直線運動の例

したがって，たとえば $a = 2\,\mathrm{m/s^2}$ の場合，v-t グラフは，図1.8のようになる．

等速直線運動と同じく，変位 s が v-t グラフと時間軸の間の面積として表されることを示そう．

v-t グラフを一定の時間間隔で区切って，各区間を平均の速度で表すと，図1.9(a)のように階段状のグラフになる．各区間での動いた距離は，（平均の速度）×（時間）なので，これは図における各区間の長方形の面積を表す．全体として動いた距離，すなわち変位 s は，各区間で動いた距離をすべて足し合わせれば求められるので，各長方形の面積の和となる．区切る時間間隔を短くしていくと，階段状のグラフはだんだん直線に近づいていく．無限に短くしていけば，最終的には元の v-t グラフと一致するので，結局，各長方形の面積の和は，図(b)に示す直線 $v = at$ と時間軸が作る三角形の面積となる．したがって，変位 s は v-t グラフと時間軸の間の面積に等しく，次式のようになる．

$$s = \frac{1}{2}vt = \frac{1}{2}at^2 \tag{1.7}$$

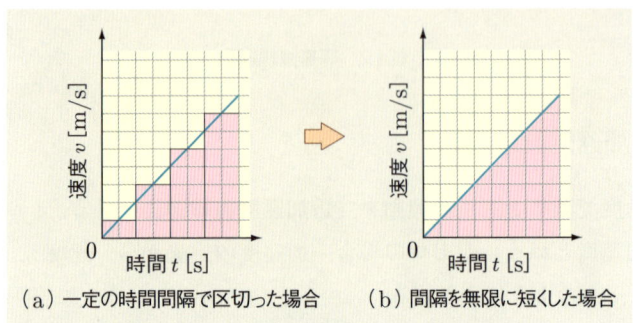

(a) 一定の時間間隔で区切った場合　　(b) 間隔を無限に短くした場合

図1.9 等加速度直線運動における動いた距離

$t=0$ における速度がゼロでない場合，初速度 v_0 として，

$$v = v_0 + at \tag{1.8}$$

となる．v-t グラフは図 1.10 のようになる．変位 s は v-t グラフと時間軸の間の面積であるから，図の長方形の面積と三角形の面積を加えたものとなり，次のようになる．

$$s = v_0 t + \frac{1}{2}at^2 \tag{1.9}$$

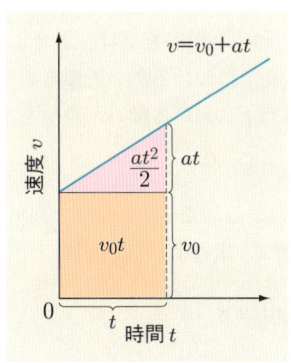

図1.10　初速度がゼロでない等加速度直線運動における動いた距離

例題 1.3　初速度が $5.0\,\mathrm{m/s}$ であり，加速度が $2.0\,\mathrm{m/s^2}$ であるとき，10 秒後の速度と動いた距離を求めよ．

解答　式 (1.8) と式 (1.9) に代入して，次のようになる．
10 秒後の速度：

$$v = 5.0\,\mathrm{m/s} + 2.0\,\mathrm{m/s^2} \times 10\,\mathrm{s} = 25\,\mathrm{m/s}$$

10 秒間に動いた距離：

$$s = 5.0\,\mathrm{m/s} \times 10\,\mathrm{s} + \frac{1}{2} \times 2.0\,\mathrm{m/s^2} \times (10\,\mathrm{s})^2 = 150\,\mathrm{m} = 1.5 \times 10^2\,\mathrm{m}$$

例題 1.4

時間 t [s] における速度 v [m/s] が次式で与えられるとき，以下の問いに答えよ．

$$v = \begin{cases} 2t & (0 \leq t \leq 1) \\ 2 & (1 < t \leq 3) \\ -2(t-4) & (3 < t \leq 4) \end{cases}$$

(1) 1 s までに動いた距離を求めよ．
(2) 1 s から 3 s までに動いた距離を求めよ．
(3) 3 s から 4 s までに動いた距離を求めよ．
(4) 1 s, 3 s, 4 s までに動いた距離をプロットせよ．
(5) 0 s 〜 1 s の間の時間 t における動いた距離を求めよ．
(6) 1 s 〜 3 s の間の時間 t における動いた距離を求めよ．

解答

グラフは図 1.11(a) のようになる．この図を利用して計算する．

(1) 三角形の面積を求めて，次のようになる．

$$s = \frac{1}{2} \times 2\,\text{m/s} \times 1\,\text{s} = 1\,\text{m}$$

(2) 長方形の面積を求めて，次のようになる．

$$s = 2\,\text{m/s} \times (3-1)\,\text{s} = 4\,\text{m}$$

(3) 三角形の面積を求めて，次のようになる．

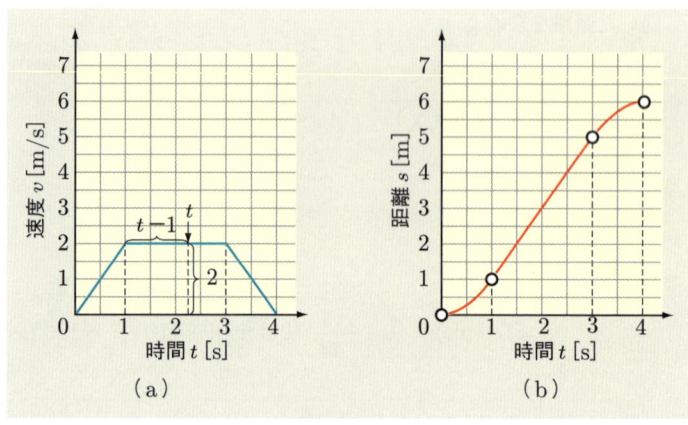

図1.11

$$s = \frac{1}{2} \times 2\,\mathrm{m/s} \times 1\,\mathrm{s} = 1\,\mathrm{m}$$

(4) たとえば，3 s までに動いた距離は，0 s から 1 s までに動いた距離 1 m と 1 s ～ 3 s までに動いた距離 4 m の和であり，5 m になる．各時間までに動いた距離をプロットすると，図 1.11(b) のようになる．

(5) 動いた距離は速度のグラフの三角形の面積だから，次のようになる．

$$s = \frac{1}{2} \times 2t \times t = t^2\,[\mathrm{m}]$$

(6) 0 s ～ 1 s までに動いた距離と 1 s ～ t [s] までに動いた距離の和をとる．図 (a) より，次のようになる．

$$s = 1 + 2(t - 1) = 2t - 1\,[\mathrm{m}]$$

例題 1.5

初速度 v_0 で等加速度直線運動する物体がある．加速度を a として，元の位置からの変位が s のとき，速度 v と初速度 v_0 の関係が次式を満たすことを示せ．

$$v^2 - v_0^2 = 2as \tag{1.10}$$

解答 式 (1.8) と式 (1.9) は，$v = v_0 + at$ と $s = v_0 t + \frac{1}{2}at^2$ である．式 (1.8) より，$t = \dfrac{v - v_0}{a}$ である．これを式 (1.9) に代入すると，

$$s = v_0 \frac{v - v_0}{a} + \frac{1}{2} a \left(\frac{v - v_0}{a} \right)^2 = \frac{v^2 - v_0^2}{2a}$$

である．よって，$v^2 - v_0^2 = 2as$ である．

1.2 力と運動の法則

1.2.1 力

物体の速度を変化させたり，物体を変形させたりする作用を**力**という．力には異なる物体が接触して作用する力と，離れていても作用する力がある．手で物を押す力や摩擦力などが前者であり，本節で学ぶ重力や下巻で学ぶ電気力・磁気力が後者の力になる．第 1 章で学ぶ力には，重力，万有引力，垂直抗力，摩擦力，弾性力などがある．

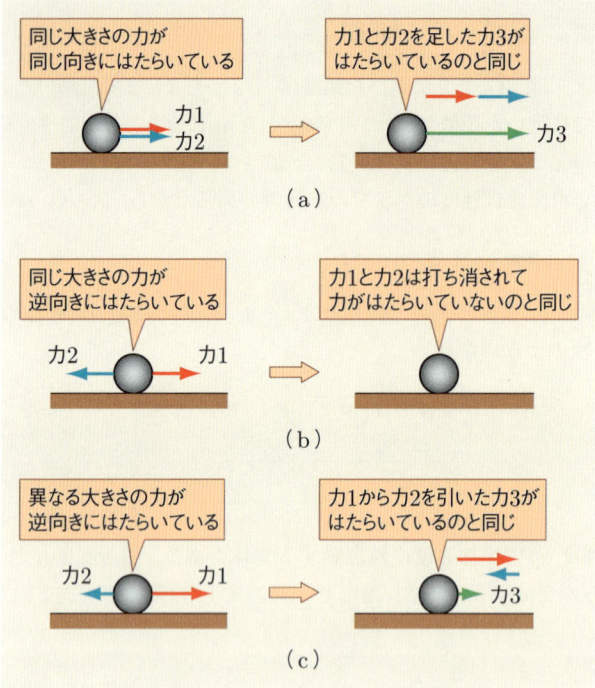

図1.12　力の大きさと向き

　力の単位は[N]（ニュートン）で，力は大きさと向きをもつ量で表される．図1.12(a)のように，物体に同じ大きさをもつ一直線上の二つの力が作用したとき，それらの力の方向が同じであれば，一つの力の2倍の力が作用することになり，図(b)のように反対向きであれば相殺されて，その物体にはたらく力はゼロとなる．すなわち，二つの力がつり合っている状態となる．図(c)のように左右に異なる大きさの力が物体に作用しているときは，力は大きい力の向き（力1の向き）にはたらき，その大きさは大きい力1の大きさから小さい力2の大きさを引いた大きさになる．

1.2.2　質　量

　質量とは，物体を構成している物質の量であり，物質の**重さ**は質量に比例する．質量の単位は，[kg]（キログラム）である．「重さ」は日常生活でよく用いられる言葉であるが，これは地球上で測定された「その物体にはたらいている重力の大きさ」であり，測定する場所によって異なる．質量の基準となるものは，国際キログラム原器とよばれるものであり，フランスにある国際度量衡局（世界で一貫した単位系を提供

図1.13 キログラム原器
(写真提供:(独)産業技術総合研究所)

する機関)に保管されている．それを複製したものが日本国キログラム原器(図1.13)であり，茨城県つくば市にある産業技術総合研究所に保管されている．キログラム原器は，白金90%，イリジウム10%の割合で作られた直径39 mm，高さ39 mmの円筒状の合金であり，それを1 kgとしている．質量と重さは混同されがちであるが，無重力状態である宇宙船の中では，質量1 kgの物体の重さはゼロである．質量は1 kgのまま変化しない．

1.2.3 運動の第1法則（慣性の法則）

「カーリング」というスポーツ（図1.14）をみてみると，氷上を滑るストーンは，進行方向の氷表面を選手がブラシで擦り融かし，摩擦を減らすことで，かなりの距離を進んでいく．その間，ストーンはほぼ一定の速さで進んでいるようにみえる．図1.15は，走行中の台車を用いたストロボ写真である．外から力を受けない限り，物体は等速度で運動することがわかる．すなわち，次の法則が成り立つ．

> 物体に力がはたらかなければ，静止している物体はいつまでも静止し続け，運動している物体はいつまでも等速直線運動を続ける．

図1.14 カーリング

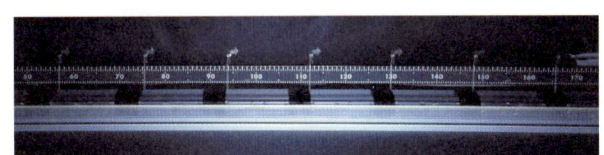

図1.15 等速直線運動する物体のストロボ写真

これを**運動の第1法則**，または**慣性の法則**という．もし，その物体に複数の力がはたらいていたとしても，それらの力を足し合わせた力（これを**合力**という）がゼロであれば，力がはたらかないのと同じである．

1.2.4 運動の第2法則（運動方程式）

(1) 力と加速度の関係

図1.16は，静止していた物体に一定の力をはたらかせて走行させたときのストロボ写真である．滑走体の変位が時間とともに大きくなっている．これは，物体の速度が変化していることを示しており，加速度が生じていることがわかる．

このように，質量 m の物体に力 F を作用させると加速度 a が生じる．力 F の向きと加速度 a の向きは同じであり，力 F の大きさが大きいほど加速度 a の大きさも大きくなる．

ある一定の力がはたらいている物体の運動の様子をテープに記録してみると，図1.17のようなデータが取れる．テープ上には1秒ごとに打点（赤点）が打たれてい

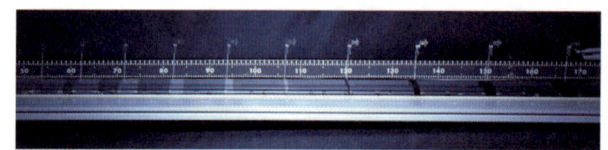

図1.16　等加速度直線運動する物体のストロボ写真

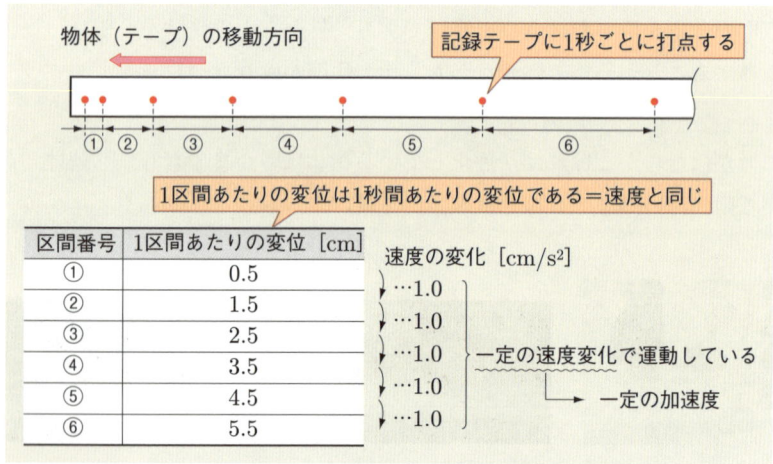

図1.17　記録タイマーによる実験例

るとする．①から⑥までの各区間の長さは1秒間に物体が進んだ変位である．すなわち，それぞれの区間での速度を表している．そして，1秒ごとの速度の変化は加速度である．

力 F の大きさを変えて，力 F と加速度 a の関係を調べてみると，図1.18のようになり，加速度 a は力 F に比例していることがわかる．

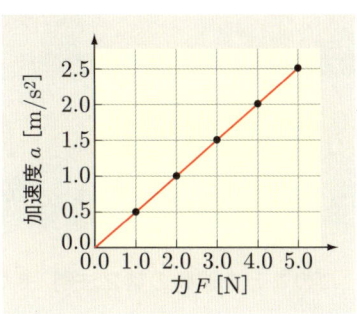

図1.18　一定の力と加速度の関係

(2) 質量と加速度の関係

物体に一定の力 F を作用させたとき，生じる加速度 a の大きさと物体の質量 m の関係を調べた実験結果が，図1.19である．これから，加速度 a は質量 m に反比例していることがわかる．

また，加速度 a の大きさと質量の逆数 $\dfrac{1}{m}$ の関係を表したのが，図1.20である．これから，加速度 a は質量 m の逆数に比例していることがわかる．

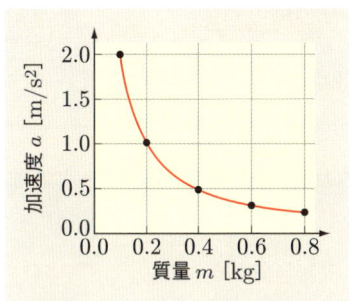

図1.19　加速度と質量の関係

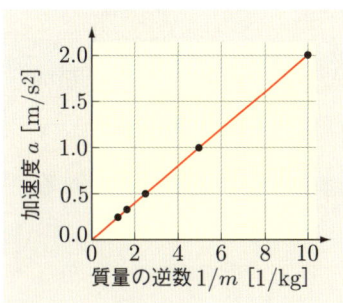

図1.20　加速度と質量の逆数の関係

(3) 運動方程式

(1)「力と加速度」と (2)「質量と加速度」の関係から，加速度 a と力 F，質量 m との関係は，比例定数 k を用いて，$a = k\dfrac{F}{m}$ となる．そして，1 kg の物体に 1 m/s² の加速度を生じさせる力が 1 N になるように，比例定数を $k=1$ とすることで，

$$ma = F \tag{1.11}$$

が導かれる．この式を**運動方程式**という．この式は，

> 質量 m の物体に力 F がはたらくと，力 F と同じ向きに加速度 a が生じる．また，その加速度 a の大きさは，力 F の大きさに比例し，質量 m に反比例する．

ということを表している．このことを**運動の第2法則**，または単に**運動の法則**という．まとめると，図 1.21 のようになる．注目する物体に作用するすべての力の和（合力）が，式中の F である．力の和を求めるときには，力の向きに注意する．その力 F が質量 m の物体に作用すると，物体は力 F と同じ向きに加速度 a で運動する．$a = 0$ のときは $F = 0$ であり，物体にはたらいている力がつり合っている．

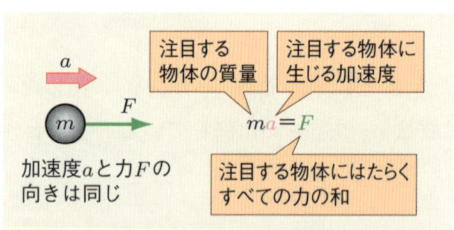

図1.21　運動方程式のまとめ

例題 1.6　静止している質量 2 kg の物体に 8 N の力がはたらいた．物体に生じた加速度はいくらか．

解答　運動方程式 $ma = F$ より，$a = \dfrac{F}{m} = \dfrac{8\,\mathrm{N}}{2\,\mathrm{kg}} = 4\,\mathrm{m/s^2}$ となる．向きは，はたらいた力と同じ向きである．

1.2.5 運動の第3法則（作用・反作用の法則）

図 1.22 のように，二つの物体の間で，物体 A から物体 B に力が作用したとき，物体 A は物体 B から力を受ける．この二つの力は，同一直線上にあり，大きさは等しく，向きは逆である．これを**運動の第 3 法則**，または**作用・反作用の法則**という．作用・反作用の法則は，接触している物体間で及ぼし合う力だけでなく，万有引力や静電気力など，接触していない物体間ではたらく力についても成り立つ．

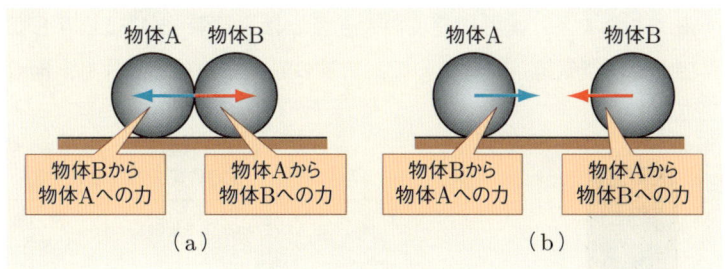

図1.22　作用・反作用の法則

17 世紀後半にニュートン（Newton）は，あらゆる物体の運動が慣性の法則（運動の第 1 法則），運動の法則（運動の第 2 法則），作用・反作用の法則（運動の第 3 法則）の三つの法則によって説明できることを示した．

1.2.6 重力と万有引力

(1) 重力と重力加速度

地球上に存在する質量 m の物体には，**重力**とよばれる力がはたらく．重力の大きさを**重さ**という．重力は，地球が物体を引く力とほぼ等しい[†]．重力の大きさ W は，質量 m に比例する．その比例定数を g と表し，重力加速度の大きさという．したがって，重力の大きさ W は，

$$W = mg \tag{1.12}$$

で与えられる．重力の向きは，ほとんど地球の中心への向きと一致しており，それを**鉛直下向き**という．

図 1.23 は，大気中における鉄球の自由落下（初速度ゼロで落下させる）の様子を

[†] 地球は自転しているので，地表上の物体は自転による遠心力の影響を受ける．すなわち，重力は万有引力と地球の自転による遠心力を合わせたもの（合力）となる．遠心力については，1.6.16 項で学ぶ．

撮ったストロボ写真である．一定時間ごとの変位が大きくなっている（速度が速くなっている）ことがわかる．このときの速度の変化の度合い（加速度）が重力加速度であり，その大きさは約 $9.8\,\mathrm{m/s^2}$ である．実際には，この重力加速度の大きさは，緯度や標高など場所によって異なる．各地の重力加速度の大きさを表1.1に示す．空気抵抗を無視したうえで，運動方程式を使って，この重力加速度について考えてみる．質量 m の物体に対して，mg という重力 W が作用して，同じ向きに加速度 a が生じる．運動方程式は $ma = mg$ となり，$a = g$ が求まる．よって，その物体は g という加速度で運動する．これより，重力加速度の大きさ g は，質量 m には依存しないことがわかる．真空中では空気抵抗がないので，質量の異なる鉄球と紙片も，同じ重力加速度で落下していく．

表1.1 各地の重力加速度の大きさ

地名	緯度（北緯）	重力加速度の大きさ（$\mathrm{m/s^2}$）
北極	90度	9.83
パリ	48度49分	9.8093
ワシントン	38度53分	9.8010
東京	35度38分	9.7976
シンガポール	1度17分	9.7807

図1.23 大気中で落下する鉄球の様子

例題 1.7

図1.24に示すように，軽い糸の先に質量 $0.50\,\mathrm{kg}$ のおもりをつるし，以下のような運動をさせたとき，糸の張力の大きさ T を求めよ．ただし，重力加速度の大きさを $10\,\mathrm{m/s^2}$ とする．
(1) $2.0\,\mathrm{m/s}$ の等速度で上昇させたとき
(2) $2.0\,\mathrm{m/s^2}$ の等加速度で上昇させたとき

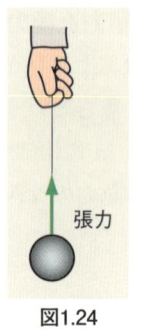

図1.24

解答

図1.25のように，おもりには上向きに張力 T と下向きに重力 mg がはたらいている．物体が運動する上向きを正の向きとして考え，運動方程式を立てると，$ma = T + (-mg)$ となる．右辺はおもりにはたらく力の合力で，重力 mg に負記号

がついているのは，最初に決めた正の向きと逆向きにはたらいているからである．
(1) 等速度運動していることから，おもりに加速度 a は生じていない．よって，$a=0$ より，$T=mg=0.50\,\mathrm{kg}\times 10\,\mathrm{m/s^2}=5.0\,\mathrm{N}$ となる．
(2) 正の向きに加速度 $a=2.0\,\mathrm{m/s^2}$ が生じている．よって，$T=m(a+g)=0.50\,\mathrm{kg}\times(10+2.0)\,\mathrm{m/s^2}=6.0\,\mathrm{N}$ となる．

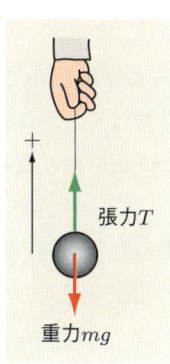

図1.25

(2) 万有引力

ニュートンは，ケプラーの法則†をもとに太陽と惑星の間にはたらく力を求めた．その結果，惑星にはたらいている力は，その惑星の質量と太陽の質量の積に比例し，惑星と太陽の距離の2乗に反比例する引力であることを発見した．その考え方を拡張して，すべての物体の間に引力がはたらいているとして，ニュートンはその引力を**万有引力**とよんだ．すべての物体は互いに引力を及ぼし合い，その引力の大きさ F は，二つの物体の質量 M, m と二つの物体間の距離 r を用いて，

$$F = G\frac{Mm}{r^2} \tag{1.13}$$

で表される．これを**万有引力の法則**という．式中の比例定数 G は**万有引力定数**とよばれ，$G=6.673\times 10^{-11}\,\mathrm{N\cdot m^2/kg^2}$ である．

例題1.8 地表にある物体の質量 m, 地球の質量 M, 半径を R とする．物体にはたらく重力と万有引力を比較することにより，重力加速度の大きさ g を求めよ．ただし，万有引力定数を G とし，遠心力による影響は無視する．

† ケプラーの法則は 1.6.13 項で学ぶ．

解答 地表にある物体にはたらく重力は地球からの万有引力に等しいため，$mg = G\dfrac{Mm}{R^2}$ となる．これより，重力加速度の大きさは，$g = G\dfrac{M}{R^2}$ となる．

1.2.7 ばねの力

図 1.26(a) のように，ばねの一端を固定して他端に物体をつける．その物体を図 (b) のように手で引っ張ってばねを伸ばすと，ばねは元の長さに戻ろうと縮む方向に物体を引く．逆に，図 (c) のようにばねを押し縮めると，伸びる方向に物体を押す．このような力を**弾性力**という．

弾性力は，手でばねを引っ張ったり，縮めたりする方向と逆向きにはたらく力である．弾性力の大きさは，ばねの伸びや縮みの大きさに比例している．これを**フックの法則**という．

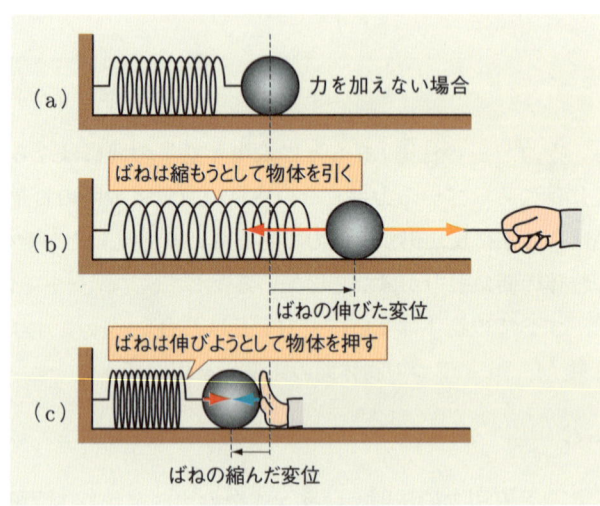

図1.26 ばねの力

図 1.27 のように，力がはたらかないときのばねの長さ（ばねの**自然長**という）L_0 のばねの先端におもりをつけ，そのときのばねの伸び x を測定してみる．おもりの質量 m が大きくなるほど，すなわち重力の大きさ $W = mg$ が大きくなるほど，ばねの伸び x が大きくなることがわかる．その関係を調べてみると，図 1.28 のように，重力の大きさ W とばねの伸び x は比例関係にある．

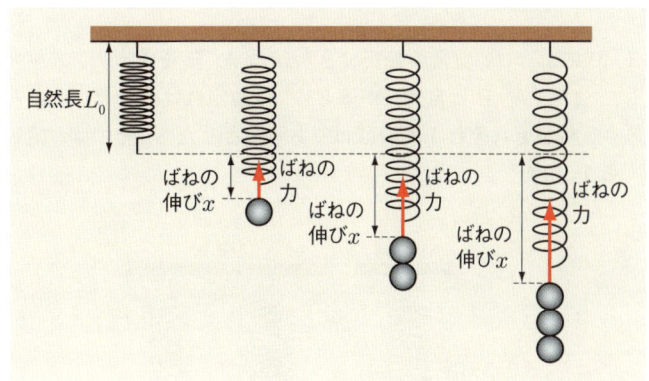

図1.27 フックの法則

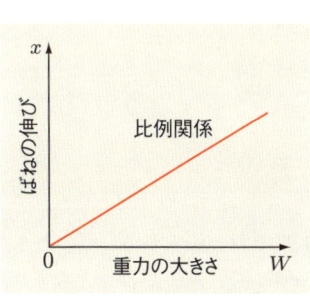

図1.28 重力の大きさと
ばねの伸びの関係

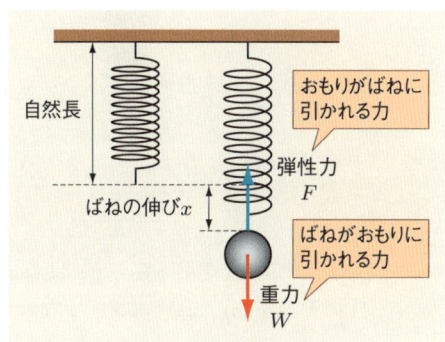

図1.29 重力と弾性力

ここで，おもりにはたらく力について考えてみる（図1.29）．重力 W とおもりがばねに引かれる力 F はつり合っているので，$W+(-F)=0$ である．すなわち，重力の大きさ W と弾性力の大きさ F は等しいことがわかる．よって，弾性力の大きさ F もばねの伸び x と比例関係にあり，$F=kx$ であることがわかる．その正の比例定数 k を**ばね定数**といい，ばねの硬さを表している．単位は $[\mathrm{N/m}]$ である．さらに，弾性力の方向も合わせて考えると，その力は外力によって伸ばされたり縮められたりする方向と逆向きにはたらくので，

$$F=-kx \tag{1.14}$$

と表せる．

> **例題 1.9**
>
> 図 1.30 のように，質量の無視できるばね A, B を①直列，②並列で天井に固定した．ばね A, B は自然長が等しく，ばね定数はそれぞれ k_A, k_B である．①，②のばねがそれぞれ 1 本のばねであったとしたら，そのばね定数はそれぞれいくらか．

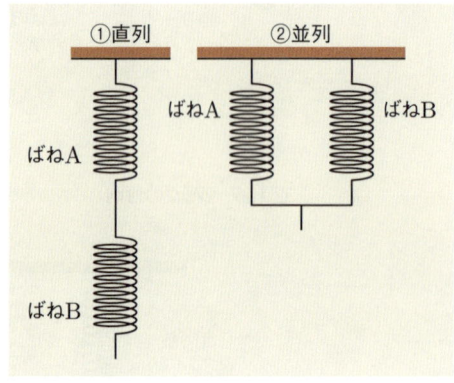

図1.30

① 力 F でばね B を引っ張ると，ばね A も力 F で引っ張られる．そのときのばね A, B の伸びを x_A, x_B とする．すなわち，$F = k_A x_A$, $F = k_B x_B$ となる．直列につながれたばね全体を 1 本のばね（ばね定数 K）と考えたとき，$F = K(x_A + x_B)$ であるので，$F = K\left(\dfrac{F}{k_A} + \dfrac{F}{k_B}\right)$ となり，$\dfrac{1}{K} = \dfrac{1}{k_A} + \dfrac{1}{k_B}$ となる．したがって，$K = \dfrac{k_A k_B}{k_A + k_B}$ である．

② 力 F でばね A, B を引っ張ると，両方のばねとも x だけ伸びるから，それぞれのばねの力を F_A, F_B とすると，$F_A = k_A x$, $F_B = k_B x$ となり，また，$F = F_A + F_B$ となる．これらより，$F = k_A x + k_B x$ となる．並列につながれたばね全体を 1 本のばね（ばね定数 K）と考えたとき，$F = Kx$ であるので，$F = Kx = (k_A + k_B)x$ から，$K = k_A + k_B$ となる．

1.2.8 垂直抗力と摩擦力

(1) 垂直抗力

重力はあらゆる物体にはたらくので，床の上に置かれた物体にも当然はたらいてい

る．床の上で物体が静止しているのは，図 1.31 のように，それを支えるために，床から物体に同じ大きさの鉛直上向きの力がはたらいているからである．この力を**垂直抗力**といい，本章では，その大きさを N で表す．

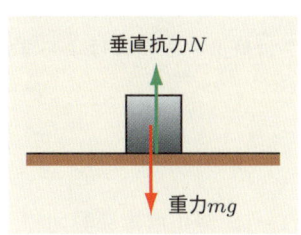

図1.31　垂直抗力

(2) 静止摩擦力

粗い表面の床に置かれた物体は，ある程度以下の力で横に押しても動かず，静止したままである．これは，図 1.32 のように，物体が滑り出すのを防ぐように，床から物体に対して逆向きに同じ大きさの力がはたらくためである．これを**静止摩擦力**といい，本章では，その大きさを f と書くことにする．

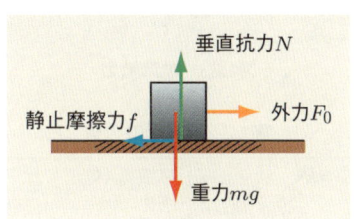

図1.32　静止摩擦力

ある大きさより大きい力を加えると，物体は静止し続けることはできなくなる．このときの限界の摩擦力を**最大静止摩擦力**といい，本章では，その大きさを $f_{\max}$ と書くことにする．最大静止摩擦力の大きさ $f_{\max}$ は物体の底面の面積にはよらず，次式のように垂直抗力の大きさ N に比例する．

$$f_{\max} = \mu N \tag{1.15}$$

この比例定数 μ を**静止摩擦係数**という．静止摩擦係数は，物質によりいろいろな値をもつ．

(3) 動摩擦力

最大静止摩擦力より大きい力を加えると，物体は床の上を滑り出す．このとき，図 1.33 のように，床の上を滑っている物体には滑るのを妨げる力がはたらく．運動しているときにはたらくこの力を**動摩擦力**といい，本章では，その大きさを f' と書くことにする．動摩擦力の大きさは底面の面積にはよらず，次式のように垂直抗力の大きさ N に比例する．

$$f' = \mu' N \tag{1.16}$$

比例定数 μ' を**動摩擦係数**という．静止摩擦係数同様，動摩擦係数は物質によりいろいろな値をもつ．表 1.2 に，摩擦係数の代表的な値を示す．

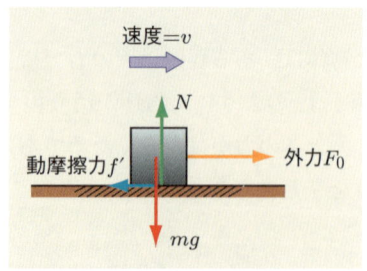

図1.33　動摩擦力

表1.2　摩擦係数の値

物　質	静止摩擦係数			摩擦角（乾）(例題 1.30 参照)	動摩擦係数		
	乾	湿	潤滑剤使用		乾	湿	潤滑剤使用
鋼と鋼	0.15	−	0.10 〜 0.13	8.5°	0.03 〜 0.09	−	0.009
木材と木材	0.65	0.7	0.2 〜 0.3	33°	0.2 〜 0.4	0.25	0.03 〜 0.17

例題 1.10　水平な床の上に，質量 $m = 5.0 \text{ kg}$ の物体が置かれている．床と物体の間の静止摩擦係数は $\mu = 0.20$ である．物体に右向きの外力 F_0 を加えたが静止したままであった．物体にはたらいている力をすべて図示し，垂直抗力と静止摩擦力の大きさを求めよ．また，物体が静止したままであったとすると，外力 F_0 はいくら以下であったか．重力加速度の大きさを 9.8 m/s^2 とする．

解答　物体にはたらく力は図 1.34 のようになる．垂直抗力の大きさ N と静止摩擦力の大きさ f は，力のつり合いより，次のようになる．

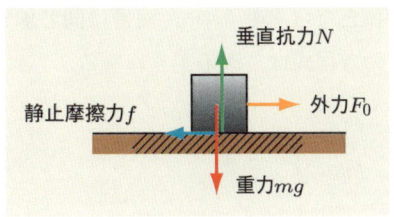

図1.34

$$N = mg, \quad f = F_0$$

静止し続けるためには $f = F_0$ が必要である．そして，静止摩擦力は最大静止摩擦力以下でなくてはならない．つまり，$f \leq f_{\max} = \mu N = \mu mg$ である．結局，$F_0 \leq \mu mg = 0.20 \times 5.0 \,\mathrm{kg} \times 9.8 \,\mathrm{m/s^2} = 9.8 \,\mathrm{N}$ より，9.8 N 以下である必要がある．

1.3 いろいろな運動

1.3.1 2物体の運動

図 1.35 のような，二つの物体が一体となって動く運動を考える．なめらかな床の上で，質量 $m_1 = 2\,\mathrm{kg}$ の物体 1 と質量 $m_2 = 3\,\mathrm{kg}$ の物体 2 がくっついていて，$F_0 = 5\,\mathrm{N}$ の大きさの力がはたらいているとしよう．このような複数の物体の運動は，それぞれにはたらく力を考え，各物体について運動方程式を立てることで求められる．

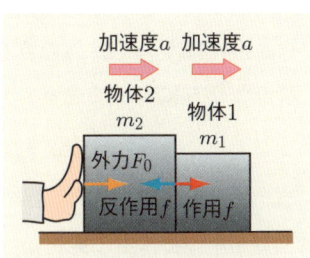

図1.35　接触した2物体の運動

右向きを正とする．まず，物体 2 には外力 F_0 がはたらく．物体 1 と物体 2 は接触しているので，物体 2 が押されることで物体 1 にも力が伝わる．この力を f とする．このとき，作用・反作用の法則により，物体 2 は物体 1 から逆向きに反作用 $-f$ を受

ける．また，二つの物体は一体となって動くので，両者は同じ加速度aをもつ．したがって，それぞれについての運動方程式は，次のようになる．

物体1： $m_1 a = f$
物体2： $m_2 a = F_0 - f$

加速度aと力fは，この連立方程式を解くことで求められる．

$$a = \frac{F_0}{m_1 + m_2} = \frac{5\,\mathrm{N}}{2\,\mathrm{kg} + 3\,\mathrm{kg}} = 1\,\mathrm{m/s^2}$$

$$f = \frac{m_1 F_0}{m_1 + m_2} = \frac{2\,\mathrm{kg} \times 5\,\mathrm{N}}{2\,\mathrm{kg} + 3\,\mathrm{kg}} = 2\,\mathrm{N}$$

したがって，物体1, 2は右向きに$1\,\mathrm{m/s^2}$の加速度で運動する．ところで，二つの物体が完全に一体となって運動するならば，それらをまとめて質量$M = m_1 + m_2$の一つの物体とみなすこともできる．この場合，運動方程式は，

$$Ma = F_0$$

となる．よって，加速度は

$$a = \frac{F_0}{M} = \frac{F_0}{m_1 + m_2} = \frac{5\,\mathrm{N}}{2\,\mathrm{kg} + 3\,\mathrm{kg}} = 1\,\mathrm{m/s^2}$$

となり，同じ結果が得られるが，この場合，力fはどこにも出てこない．これは，物体1と物体2をひとまとまりと考えると，力fはその内部で打ち消しあって表に出てこないためである．このように，ひとまとまりとして考える対象を**系**といい，系の外部から加わる力を**外力**，系の内部で及ぼし合う力を**内力**という．ある系について運動方程式を立てるときには，その系にはたらく外力のみを考える．物体にはたらく力が外力なのか内力なのかは，系のとり方によって違ってくるので，注意しなければならない．

例題 1.11

なめらかな床の上で質量m_1の物体1と質量m_2の物体2が図1.36のように糸2でつながれている．物体1の他端につけた糸1を引っ張り，一定の外力F_0を加える．各物体にはたらく力（重力と垂直抗力を除く）を図示せよ．次に，右向きを正とした運動方程式を書き，加速度aと，糸2が物体2を引く力の大きさfを求めよ．ただし，糸の質量は無視してよい．

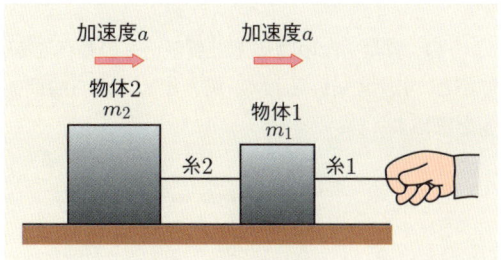

図1.36

解答 各物体にはたらく力は，図 1.37 に示すように，外力と，糸 2 が物体 2 を引く力と，糸 2 が物体 1 を引く力である†．二つの物体は糸で結ばれているため，同じ加速度で動く．その結果，それぞれの物体に対する運動方程式は次のようになる．

物体 1： $m_1 a = F_0 - f$　…①

物体 2： $m_2 a = f$　…②

連立方程式を解き，次のようになる．

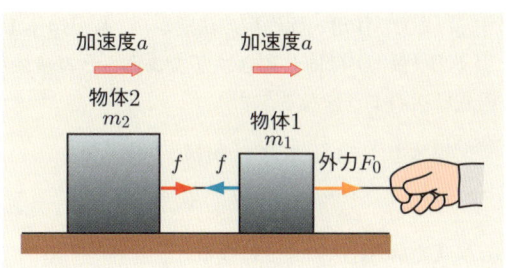

図1.37

式① ＋ 式②： $(m_2 + m_1)a = F_0 \quad \rightarrow a = \dfrac{F_0}{m_2 + m_1}$

式②に $a = \dfrac{F_0}{m_2 + m_1}$ を代入： $f = \dfrac{m_2}{m_2 + m_1} F_0$

加速度は一定だから，等加速度直線運動である．速度と位置は，等加速度直線運動の式 (1.8) および式 (1.9) で求めることができる．

---

† 厳密には，糸 2 が物体 2 を引く力と糸 2 が物体 1 を引く力は，作用と反作用ではない．しかし，糸の質量を無視すると，作用・反作用の法則から大きさは同じになる．

例題 1.12

図 1.38 のように, 質量 m_1 の物体 1 と質量 m_2 の物体 2 が, 滑車を通して糸でつながっている. $m_1 < m_2$ として, 動き始めてから時間 t が経過したとき, 動いた距離 s を求めよ.

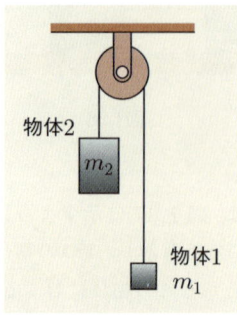

図1.38

解答　二つの物体は糸で結ばれているため, 同じ大きさの加速度で動く. 図 1.39 のように, 動く向き (物体 1 は上向き, 物体 2 は下向き) を正とし, その加速度の大きさを a とする. また, 作用・反作用の法則から, 糸が物体 1 を引く力 (張力) と糸が物体 2 を引く力 (張力) は同じ大きさ T である. その結果, それぞれの物体に対する運動方程式は次のようになる.

物体 1：　$m_1 a = T - m_1 g$　　…①

物体 2：　$m_2 a = m_2 g - T$　　…②

連立方程式を解き, 次のようになる.

式① + 式②：

$$(m_1 + m_2) a = (m_2 - m_1) g \quad \to \quad a = \frac{(m_2 - m_1) g}{m_2 + m_1}$$

等加速度直線運動の式 (1.8), (1.9) を使って, 次式が得られる.

$$v = 0 + \frac{(m_2 - m_1) g}{m_2 + m_1} t = \frac{(m_2 - m_1) g}{m_2 + m_1} t$$

$$s = 0t + \frac{1}{2} \frac{(m_2 - m_1) g}{m_2 + m_1} t^2 = \frac{1}{2} \frac{(m_2 - m_1) g}{m_2 + m_1} t^2$$

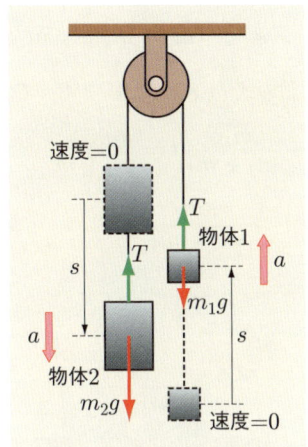

図1.39

> **例題 1.13**
>
> 図 1.40 のように，質量 m_1 の物体 1 と質量 m_2 の物体 2 が滑車を通して糸でつながっている．物体 2 はなめらかな机の上を滑る．二つの物体が動き始めてから時間 t が経過したとき，速さ v と動いた距離 s を求めよ．
>
>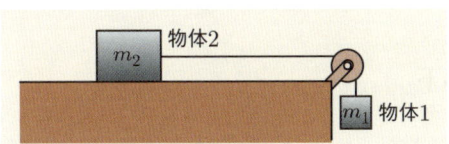
>
> 図1.40

解答　二つの物体は糸で結ばれているため，同じ大きさの加速度で動く．図 1.41 のように，動く向き（物体 1 は下向き，物体 2 は右向き）を正とし，その加速度の大きさを a とする．また，作用・反作用の法則から，糸が物体 1 を引く力（張力）と糸が物体 2 を引く力（張力）は同じ大きさ T である．その結果，加速度の大きさを a とすると，それぞれの物体に対する運動方程式は次のようになる．

$$\text{物質1：}\quad m_1 a = m_1 g - T \quad \cdots ①$$
$$\text{物質2：}\quad m_2 a = T \quad \cdots ②$$

連立方程式を解き，次のようになる．

式① + 式②: $(m_2 + m_1)a = m_1 g \rightarrow a = \dfrac{m_1}{m_2 + m_1} g$

等加速度直線運動の式 (1.8), (1.9) を使って，次式が得られる．

$$v = 0 + \dfrac{m_1 g}{m_2 + m_1} t = \dfrac{m_1 g}{m_2 + m_1} t$$

$$s = 0t + \dfrac{1}{2} \dfrac{m_1 g}{m_2 + m_1} t^2 = \dfrac{1}{2} \dfrac{m_1 g}{m_2 + m_1} t^2$$

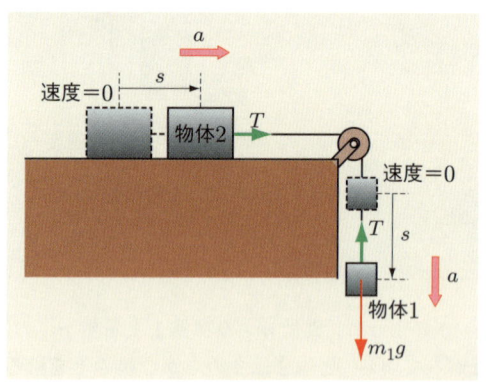

図1.41

1.3.2 自由落下

1.2.6 項で述べたように，重力は地球上の物体すべてにはたらくので，重力による運動は非常に重要である．重力加速度は一定とみなせるので，空気抵抗が無視できるとすれば，物体は等加速度直線運動をする．自由落下について，落下を始めてからの時間 t における加速度 a，速度 v，位置 z を求めてみよう．図 1.42 に示すように，

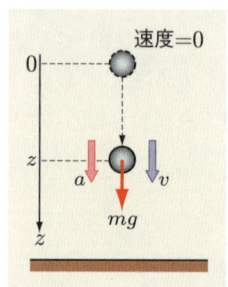

図1.42　自由落下

物体の最初の位置を原点とし，鉛直下向きに z 軸をとる．物体には下方（z 向き）に重力 mg がはたらく．したがって，運動方程式は次のようになる．

$$ma = mg$$

よって，加速度の大きさ $a = g$ となる．時間 t における速度 v と位置 z は，等加速度直線運動の式 (1.8)，(1.9) より，次のようになる．

$$v = v_0 + at = gt \tag{1.17}$$

$$z = v_0 t + \frac{1}{2} at^2 = \frac{1}{2} gt^2 \tag{1.18}$$

これらをグラフに表すと，図 1.43 のようになる．位置 z は，図 (a) におけるグラフと時間軸の間の面積に等しい．

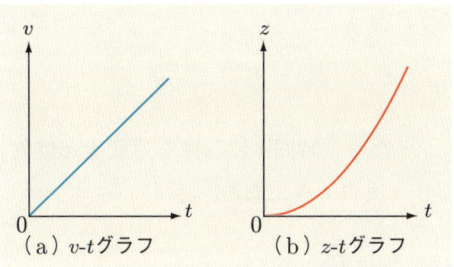

図1.43　自由落下のグラフ

例題 1.14

質量 m の物体を自由落下させる．物体が距離 h 落下するまでにかかる時間と，そのときの速度を求めよ．

解答

鉛直下向きを正とする．距離 h 落下するまでにかかる時間は，式 (1.18) において $z = h$ を代入し，

$$t = \sqrt{\frac{2h}{g}}$$

となる．これを式 (1.17) に代入し，そのときの速度は，次のように求められる．

$$v = g\sqrt{\frac{2h}{g}} = \sqrt{2hg}$$

1.3.3 鉛直投げ上げ

図 1.44 のように，鉛直上向きに初速度 v_0 で物体を投げ上げる場合を考える．鉛直上向きに z 軸をとる．

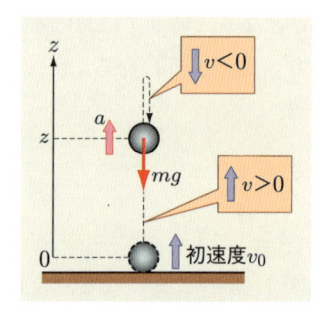

図1.44 鉛直投げ上げ

運動方程式は次のようになる．

$$ma = -mg$$

よって，加速度 $a = -g$ となる．時間 t における速度 v と位置 z は，等加速度直線運動の式 (1.8)，(1.9) より，次のようになる．

$$v = v_0 + at = v_0 - gt \tag{1.19}$$

$$z = v_0 t + \frac{1}{2} at^2 = v_0 t - \frac{1}{2} gt^2 \tag{1.20}$$

これらをグラフに表すと，図 1.45 のようになる．物体は最高点で速度ゼロとなり，

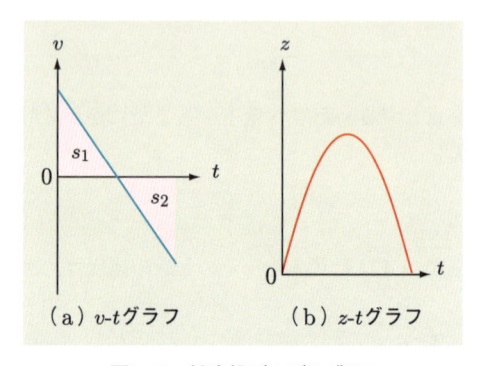

図1.45 鉛直投げ上げのグラフ
（a）v-t グラフ　（b）z-t グラフ

その後自由落下する．図 (a) におけるグラフと時間軸の間の面積 s_1，s_2 は，それぞれ物体が上向き，下向きに動いた距離に等しい．

1.3.4 摩擦力がはたらく運動

図 1.46 のように，水平な粗い床の上を，運動方向に一定の力 F_0 を受けながら滑っている物体の運動を考えよう．物体と床の間の動摩擦係数は μ' とする．垂直抗力の大きさ N は，物体にはたらく重力の大きさ mg に等しいので，動摩擦力の大きさ f' は，

$$f' = \mu' N = \mu' mg$$

である．動摩擦力は速度と逆向きであるから，この場合，力 F_0 に対してつねに逆向きにはたらく．したがって，運動方程式は，

$$ma = F_0 - f' = F_0 - \mu' mg$$

となる．よって，加速度 a は，

$$a = \frac{F_0 - \mu' mg}{m}$$

と求められ，等加速度直線運動となることがわかる．

力を受け始めてからの時間 t における速度は，$t=0$ における速度を v_0 とすると，式 (1.8) より，

$$v = v_0 + at = v_0 + \frac{F_0 - \mu' mg}{m} t$$

となる．

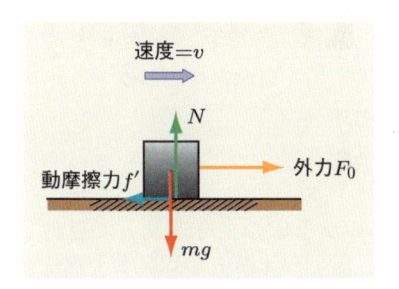

図1.46　動摩擦力がはたらく運動

1.4 力積と運動量

1.4.1 力積

物体に力がはたらくと，その物体に加速度が生じて速度が変化する．たとえば，右向きを正として，静止している質量 2 kg の物体に，4 N の力が 1 秒間はたらいたとき，その物体の速度は 2 m/s となる．一方，同じ質量の物体に 2 N の力を 2 秒間作用させても，その物体の速度は 2 m/s となる．このように，速度の変化は力とその力を作用させた時間の積で決まる．力 F と時間 t の積 Ft を**力積**という．力積の単位は [N・s] である．力積は向きと大きさをもつ．先の例では，力積は右向きに 4 N × 1 s = 4 N・s である．

1.4.2 運動量

図 1.47 のようなボーリングをイメージしてほしい．ピンの倒れ方は，球が重いほど，また，球の速度が速いほど激しい．このように，運動している物体の質量 m と速度 v との積 mv を**運動量**といい，これは運動の勢いを表す．運動量の単位は [kg・m/s] である．また，運動量も力積と同様に向きと大きさをもち，質量が大きいほど，速さが大きいほど大きな運動量をもつことになる．

図1.47 ボーリング

1.4.3 力積と運動量の変化

図 1.48 のように，なめらかな床の上を速度 v で運動している質量 m の物体に，運動方向に一定の力 F を時間 t だけ作用させたとき加速度 a が生じ，その物体の速度が v' になった．このとき，加速度 $a = \dfrac{v'-v}{t}$ である．これを，運動方程式 $ma = F$ に代入すると，$m \cdot \dfrac{v'-v}{t} = F$ となり，

$$mv' - mv = Ft \tag{1.21}$$

と書き表せる．式 (1.21) の右辺は力積を表しており，左辺は運動量の変化を表している．すなわち，「物体の運動量の変化」は「物体が受けた力積」に等しい．力積と運動量の単位は異なるように見えるが，力積の単位 [N·s] を書き直してみると，[N] = [kg·m/s^2] であるから [N·s] = [kg·m/s] となり，確かに運動量と同じ単位になる．

図 1.49 のように，物体に加える力 F が時間 t とともに変化する場合は，平均の力 $\overline{F}$ で置き換えて考え，次式のようになる．

$$mv' - mv = \overline{F}t \tag{1.21}'$$

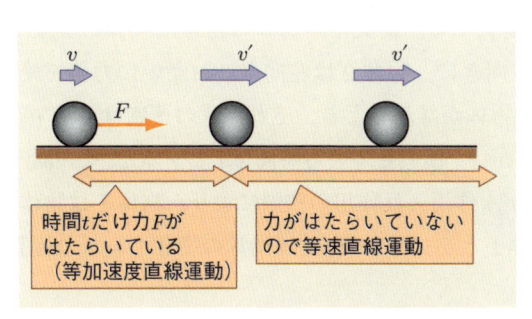

図1.48 物体に力をはたらかせたときの速度の変化

図1.49 衝突における力の大きさの変化

例題 1.15

質量 0.20 kg の球が 30 m/s で飛んできた．この球をバットで飛んできた方向に打ち返したところ，その速さは 40 m/s であった．飛んできた球の進行方向を正の向きとして，次の問いに答えよ．
(1) 飛んできた球の運動量はいくらか．
(2) 球がバットから受けた力積はいくらか．
(3) 球を打ち返した際，バットと球が接していた時間は 1.0×10^{-3} s であった．バットが球に与えた平均の力の向きと大きさはいくらか．

解答
(1) $mv = 0.20 \text{ kg} \times 30 \text{ m/s} = 6.0 \text{ kg·m/s}$
(2) 球の運動量の変化を求めればよい．

$$mv' - mv = 0.20 \text{ kg} \times (-40 \text{ m/s}) - 0.20 \text{ kg} \times 30 \text{ m/s}$$
$$= -14 \text{ kg·m/s}$$

(3) 力積と運動量の変化の関係式は，$\overline{F}t = mv' - mv$ である．(2) の結果から，$\overline{F} \times 1.0 \times 10^{-3}$ s $= -14$ kg·m/s なので，$\overline{F} = -1.4 \times 10^4$ N である．これから，平均の力は，飛んできた向きと逆向きに大きさが 1.4×10^4 N である．

1.4.4 運動量保存の法則

　図1.50のように，なめらかな床の上で一直線上を運動している二つの物体の衝突を考える．一直線上を右向きに運動している物体1, 2がある．物体1は質量 m_1，速度 v_1 であり，物体2は質量 m_2，速度 v_2 である．物体1は物体2よりも速い（$v_1 > v_2$）とする．やがて物体1と2は衝突する．衝突中，二つの物体は一体となり，同じ速度で運動しながら，物体1は左向きに，物体2は右向きにお互いに力積を受ける．その結果，衝突を終えた二つの物体が離れるとき，それぞれの速度は v_1', v_2' となり，物体2の方が速くなった（$v_2' > v_1'$）．衝突している時間を t とすると，その間，物体1は物体2を平均の力 $\overline{F}$ で押すが，作用・反作用の法則により，物体1は物体2より $-\overline{F}$ の力で押し返される．物体1と2について，「運動量の変化」＝「力積」の式を立てると，

物体1：　$m_1 v_1' - m_1 v_1 = -\overline{F}t$
物体2：　$m_2 v_2' - m_2 v_2 = \overline{F}t$

となる．両式より $\overline{F}t$ を消去すると，

$$m_1 v_1 + m_2 v_2 = m_1 v_1' + m_2 v_2' \tag{1.22}$$

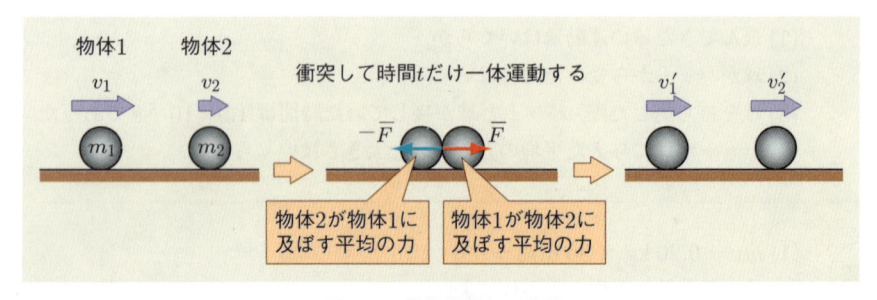

図1.50　運動量保存の法則

となり，衝突前の二つの物体の運動量の和と衝突後の運動量の和が等しいことが導かれる．すなわち運動量は保存されている．これを**運動量保存の法則**という．

この運動量保存の法則は，二つの物体の衝突や合体だけではなく，一つの物体が二つ以上に分裂するときにも成り立つ．

例題 1.16　質量 $2.0\,\mathrm{kg}$ の物体が $10\,\mathrm{m/s}$ で右方向（正の向きとする）に進んでおり，その前方を同じ方向に質量 $3.0\,\mathrm{kg}$ の物体が $5.0\,\mathrm{m/s}$ で進んでいる．やがて，この二つの物体は衝突し，その後一体になって運動した．そのときの物体の速度を求めよ．

解答　衝突前後の全運動量が保存されることを用いる．衝突前のそれぞれの物体の運動量が $2.0\,\mathrm{kg}\times 10\,\mathrm{m/s}=20\,\mathrm{kg\cdot m/s}$ と $3.0\,\mathrm{kg}\times 5.0\,\mathrm{m/s}=15\,\mathrm{kg\cdot m/s}$ であるので，全運動量は $35\,\mathrm{kg\cdot m/s}$ である．衝突後は一体となって運動しているので，質量は $5.0\,\mathrm{kg}$ となり，求める速度を v とすれば，運動量保存の法則は $35\,\mathrm{kg\cdot m/s}=5.0\,\mathrm{kg}\times v$ となり，$v=7.0\,\mathrm{m/s}$ となる．

1.4.5　反発係数

図 1.51 はゴムボールをある高さから水平に投げ出したときのバウンドの様子である．ゴムボールが床と衝突してはね返りを繰り返すとともに，その高さが低くなっていく．このような現象について学んでいく．

図1.51　ゴムボールのはね返りの様子

図 1.50 に示したような二つの物体が衝突して反発する現象について考える．衝突前の二つの物体が近づく速さは v_1-v_2 であり，衝突後の二つの物体が遠ざかる速さは $v_2'-v_1'$ となる．これらの速さの比を**反発係数**または**はね返り係数**といい，e で

表す．すなわち，

$$\text{反発係数：} \quad e = \frac{(遠ざかる速さ)}{(近づく速さ)} = \frac{v'_2 - v'_1}{v_1 - v_2} \tag{1.23}$$

と表すことができる．反発係数 e の値は $0 \leq e \leq 1$ であり，e の値によって，衝突は以下の3種類に分けられる．

$\quad e = 1 \qquad$：弾性衝突
$\quad 0 < e < 1 \quad$：非弾性衝突
$\quad e = 0 \qquad$：完全非弾性衝突（衝突後，二つの物体は一体となる）

次に，図1.52のように物体が固定されている壁に衝突する場合について考える．反発係数は，衝突前の「物体が壁に近づく速さ v」と衝突後の「物体が壁から遠ざかる速さ v'」の比で表される．すなわち，

$$\text{反発係数：} \quad e = \frac{v'}{v} \tag{1.24}$$

である．

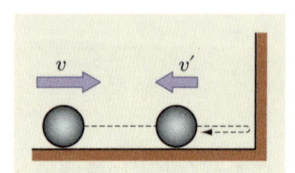

図1.52 固定壁との衝突

例題 1.17

高さ $10\,\mathrm{m}$ のところから静かに落としたボールが床に衝突した後，垂直にはね上がり $6.4\,\mathrm{m}$ の高さまで上がった．ボールと床の間の反発係数を求めよ．重力加速度の大きさを $9.8\,\mathrm{m/s^2}$ とする．

解答

図1.53のように，床に衝突する直前の速さ v と，衝突直後のはね返る速さ v' を求めて，その比 $\dfrac{v'}{v}$ を求めればよい．ボールの運動は，落下するときも床からはね返るときも，重力加速度の大きさを加速度の大きさとする等加速度直線運動であるので，例題1.5で示した式 $v^2 - v_0^2 = 2as$ を用いる．衝突直前は，鉛直下方を正の向きとして，$v^2 - 0^2 = 2 \times 9.8\,\mathrm{m/s^2} \times 10\,\mathrm{m}$ より，$v = 14\,\mathrm{m/s}$ である．衝突直後は，鉛直上方を正の向きとして，$0^2 - v'^2 = 2 \times (-9.8\,\mathrm{m/s^2}) \times 6.4\,\mathrm{m}$ より，

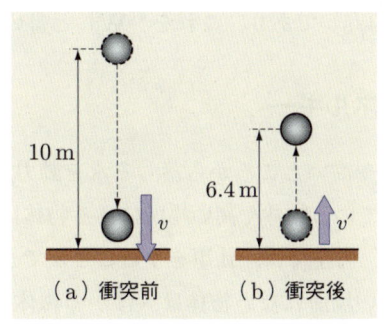

図1.53

(a) 衝突前　(b) 衝突後

$v' = 11.2 \, \text{m/s}$ となる．よって，反発係数 $e = 0.80$ となる．

1.5 力学的エネルギー

1.5.1 仕事

　たとえば，日常生活で荷物を運ぶとき，荷物が重いほど大きな力を必要とする．また，同じ荷物であっても，運ぶ距離が長いほど労力が大きい．このように，物体を動かすときにかかった労力は，加えた力と動かした距離によって測ることができる．これを**仕事**とよび，次のように定義する．物体に，ある一定の大きさの力 F を加えて，力の方向に距離 s だけ動かしたとする．このときの仕事 W は，

$$W = Fs \tag{1.25}$$

となる．仕事の単位は $[\text{N·m}]$ となるが，これを $[\text{J}]$ と書いて**ジュール**という．ここで，s は「力の方向に動かした距離」であることに注意してほしい．したがって，垂直抗力のように，動く方向に垂直な力は仕事をしない．また，動いている物体に逆向きに力を加えて，運動を妨げるような場合には，力は負の仕事をすることになる．

　仕事は，加える力と動かした距離によって決まるため，ゆっくり動かしてもすばやく動かしても，加える力と距離が同じであれば仕事の量は同じである．そこで，単位時間あたりにどれだけ仕事をするかによって仕事の効率を表し，これを**仕事率**とよぶ．仕事率 P は，次のように定義される．

$$P = \frac{W}{t} \tag{1.26}$$

仕事率の単位は［J/s］であり，これを［W］と書いて**ワット**という．

1.5.2 仕事とエネルギー

　水車は，川の流れや高いところから落ちる水を動力にして仕事をする機械である．このように，運動している物体や高い場所にある物体は，ほかの物体を動かし，仕事をすることができる．力学では，仕事をすることができる能力を**エネルギー**とよぶ．

　静止していて，高い場所にない物体は，ほかの物体に仕事をすることはできない．物体に力を加えて運動させたり，高い場所までもち上げることで，物体はエネルギーをもち，仕事ができるようになる．つまり，物体に対してした仕事が，物体がもつエネルギーに変わるということである．したがって，エネルギーは仕事と同じ［J］で表される．

　図1.54に，仕事とエネルギーの関係を示す．傾きが異なるなめらかな二つの斜面の同じ高さに物体を置き，物体にはたらく力と，斜面の長さを測る．次に，物体を斜面から滑り落とし，滑り落ちたときの速度を測る．ここでは，図(a)の斜面は，図(b)に比べて，物体にはたらく力が2倍で，斜面の長さは半分であるが，斜面を滑り落ちた物体の速度はどちらも同じである．このように，物体に蓄えられるエネルギーは，仕事と同様に（力）×（動かした距離）によって決まることがわかる．物体がもつエネルギーは，物体が外部から仕事を加えられれば増加し，逆に物体が外部に対して仕事をすれば減少する．

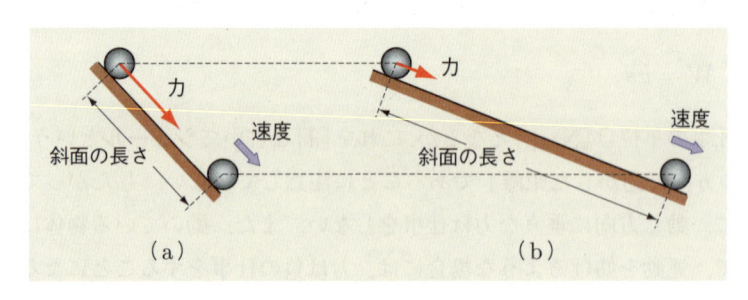

図1.54　仕事とエネルギー

1.5.3 運動エネルギー

　運動する物体がもつ仕事をする能力を，**運動エネルギー**という．止まっている物体が力を受けて，速度がvになったとする．このとき，力が物体にした仕事が物体の

運動するエネルギーに変わる．そこで，このときの仕事を計算して，物体の運動エネルギーを計算してみよう．

図 1.55 に示すように，なめらかな床に置かれた質量 m の物体が一定の力 F を受けて，時間 t だけ経過したとき，速度 v と動いた距離 s，力のした仕事 W は，次のようになる．

$$v = \frac{F}{m} t$$

$$s = \frac{1}{2} \frac{F}{m} t^2$$

$$W = Fs = F\left(\frac{1}{2} \frac{F}{m} t^2\right) = \frac{1}{2} \frac{F^2}{m} t^2$$

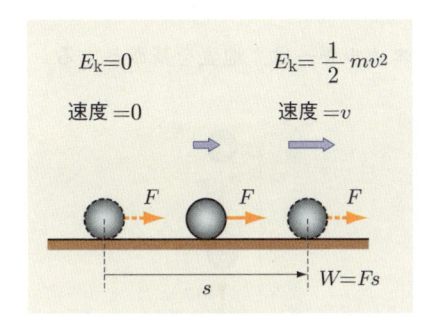

図1.55 運動エネルギー

この仕事が速度 v で動いている物体の運動エネルギー E_k になる．仕事の式の t に，速度の式を変形した $t = \dfrac{mv}{F}$ を代入して，次式が得られる．

$$E_k = W = \frac{1}{2} \frac{F^2}{m} \left(\frac{mv}{F}\right)^2 = \frac{1}{2} mv^2$$

すなわち，運動エネルギー E_k は次のように表される．

$$E_k = \frac{1}{2} mv^2 \tag{1.27}$$

1.5.4 位置エネルギー

(1) 重力による位置エネルギー

高い場所にある物体は，エネルギーをもつ．しかし，そのエネルギーは，物体がど

のような道筋を通ってもち上げられたかには無関係で，最終的に，物体がどのくらいの高さにあるかによってのみ決まる．このように，物体の位置だけで決まるエネルギーを，**位置エネルギー**という．

地表から高さ h の場所にある質量 m の物体がもつエネルギーを求めてみよう．図1.56のように，物体を地表から高さ h までもち上げるには，大きさ $F = mg$ の力で鉛直上向きに距離 h だけ動かす必要がある．したがって，物体には，

$$W = Fh = mg \times h = mgh$$

の仕事が加えられたことになる．これが物体のもつ位置エネルギーとなる．すなわち，**重力による位置エネルギー** U は，次のように表される．

$$U = mgh \tag{1.28}$$

通常，重力による位置エネルギーは，地表を基準とする．

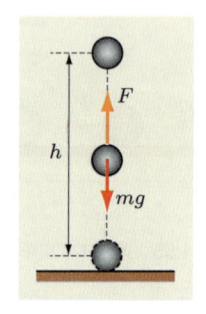

図1.56　重力による位置エネルギー

(2) 弾性力による位置エネルギー

おもちゃの動力などに使われているように，ばねもその弾性力によってほかの物体を動かし，仕事をすることができる．ばねがもつエネルギーを求めてみよう．図1.57のように，自然長から距離 x だけ伸ばすときの外力の大きさ F は，フックの法則から，

$$F = kx \tag{1.29}$$

と表される．ここで，k はばね定数である．距離 x と外力の大きさ F の関係をグラフに表すと，図1.58のようになる．

距離 x をいくつかの区間に分割し，その間の外力を平均の力で表すと，図1.59のような階段状のグラフになる．各区間でなす仕事は，（力）×（距離）なので，これは

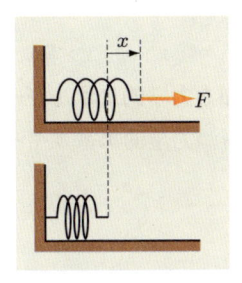

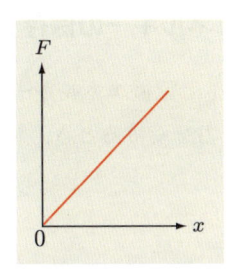

図1.57　ばね　　図1.58　外力の大きさ

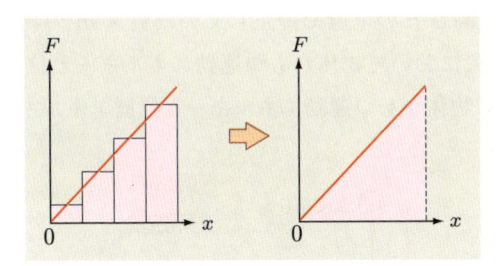

図1.59　外力がする仕事

図における各区間の長方形の面積を表す．全体としてなす仕事は，各区間でなす仕事をすべて足し合わせれば求められるので，各長方形の面積の和となる．

区切る間隔を短くしていくと，階段状のグラフはだんだん直線に近づいていく．無限に短くしていけば，最終的には元のグラフと一致するので，結局，各長方形の面積の和は，直線 $F=kx$ と x 軸が作る三角形の面積となる．したがって，ばねを自然長から距離 x 伸ばすときに必要な仕事 W は，次式のようになる．

$$W = \frac{1}{2} \times x \times kx = \frac{1}{2}kx^2$$

これがばねに蓄えられたエネルギーとなる．このエネルギーはばねの伸び x のみによって決まるので，位置エネルギーの一種である．すなわち，**弾性力による位置エネルギー** U は，次のように表される．

$$U = \frac{1}{2}kx^2 \tag{1.30}$$

弾性力による位置エネルギーは，ばねが自然長にあるときを基準とする．

1.5.5 力学的エネルギーの保存

運動エネルギー E_k と位置エネルギー U の和を**力学的エネルギー**とよぶ．物体が重力や弾性力のような力を受けるとき，物体のもつ力学的エネルギーはつねに一定に保たれる．すなわち，

$$E_k + U = 一定 \tag{1.31}$$

である．これを，**力学的エネルギー保存の法則**という．

図 1.60 のように，高さ h の位置で静止していた質量 m の物体が落下する場合を考える．高さ h の位置において物体がもつ運動エネルギーと位置エネルギーを E_{k1}, U_1 とし，地表において物体がもつ運動エネルギーと位置エネルギーを E_{k2}, U_2 とする．

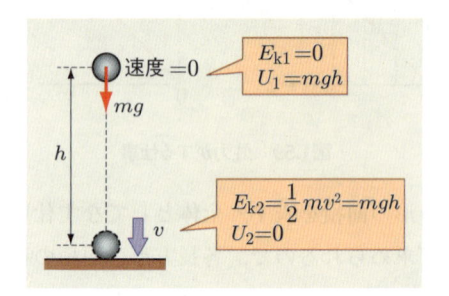

図1.60 重力がはたらくときの力学的エネルギー保存の法則

最初，物体は静止しているので，$E_{k1} = 0$ である．また，式 (1.28) より，$U_1 = mgh$ である．したがって，高さ h の位置において物体がもつ力学的エネルギーは，次のようになる．

$$E_{k1} + U_1 = 0 + mgh = mgh$$

地表では，位置エネルギーはゼロなので，$U_2 = 0$ である．また，例題 1.14 より，高さ h だけ自由落下したときの物体の速度は

$$v = \sqrt{2hg}$$

なので，式 (1.27) に代入して，運動エネルギーは次のようになる．

$$E_k = \frac{1}{2} mv^2 = \frac{1}{2} m \left(\sqrt{2hg}\right)^2 = mgh$$

したがって，地表において物体がもつ力学的エネルギーは，次のようになる．

$$E_{k2} + U_2 = mgh + 0 = mgh$$

よって，両地点で力学的エネルギーが mgh に等しいので，確かに力学的エネルギーが保存されていることがわかる．

$$E_{k1} + U_1 = E_{k2} + U_2$$

ここではちょうど，高さ h の位置において物体がもつ位置エネルギーがすべて，地表において物体がもつ運動エネルギーに変換されたことがわかる．このように，運動エネルギーと位置エネルギーは相互に変換することができる．

力学的エネルギー保存の法則は，重力，弾性力，万有引力，静電気力などの力がはたらく場合に成り立つ．一方，摩擦力などがはたらくとき，力学的エネルギー保存の法則は成り立たない．

例題 1.18

図 1.61 のように，ばね定数 k のばねが，壁に一端を固定され，他端に質量の無視できる薄い板をつけて水平面上に置かれている．高さ h のなめらかな斜面を，初速ゼロで物体が滑り始めた．次の問いに答えよ．

(1) 斜面を滑り落ちた後の物体の速さ（図 (a)）を求めよ．
(2) 斜面を滑り落ちた後にばねにぶつかり，ばねを x だけ縮めたとき，物体の速さがゼロになった（図 (b)）．ばねの縮み x を求めよ．

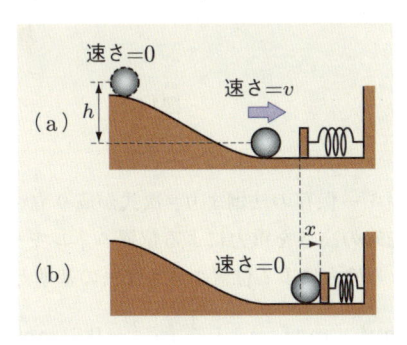

図1.61

解答 (1) 力学的エネルギー保存の法則より，（運動エネルギー）＋（重力による位置エネルギー）＋（弾性力による位置エネルギー）＝一定であるから，次式が成り立つ．

$$\frac{1}{2}mv^2 + 0 + 0 = 0 + mgh + 0$$

この式より,$v=\sqrt{2hg}$ と求められる.

(2) 力学的エネルギー保存の法則より,次式が成り立つ.

$$0+0+\frac{1}{2}kx^2 = 0+mgh+0$$

この式より,$x=\sqrt{\dfrac{2mgh}{k}}$ と求められる.

例題 1.19

図 1.62 のように,ばね定数 k のばねが天井からつり下げられている.このばねに質量 m の物体をつるすと,重力加速度の大きさを g として,ばねは $x_0=\dfrac{mg}{k}$ 伸びた.これに外力を加えると,ばねの伸びは x_1 になった.次に,そっと手を離すとばねが縮んで物体は動き出した.ばねの伸びが x_0 になったときの物体の速さ v を求めよ.

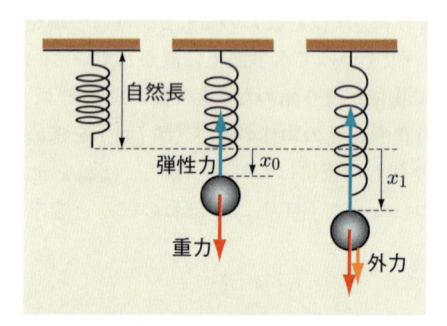

図1.62

解答

力学的エネルギー保存の法則より,次式が成り立つ.ただし,天井からつり下げられたばねの先端の高さを重力による位置エネルギーの基準とする.また,ばねが自然長のときを弾性力による位置エネルギーの基準とする.

$$\frac{1}{2}mv^2 + mg(-x_0) + \frac{1}{2}kx_0{}^2 = 0 + mg(-x_1) + \frac{1}{2}kx_1{}^2$$

この式より,$v=\sqrt{\dfrac{k}{m}(x_1{}^2-x_0{}^2)-2g(x_1-x_0)}$ が求められる.また,$mg=kx_0$ であるから,$v=\sqrt{\dfrac{k}{m}}(x_1-x_0)$ である.

1.5 力学的エネルギー

例題 1.20

図 1.63 のように，水平でなめらかな机の上に置かれた質量 M の物体を，滑車を通して糸でつながっている質量 m のおもりで引っ張る．初速がゼロとして，距離 s だけ引っ張ったとき，物体の速さ v はいくらになるか．

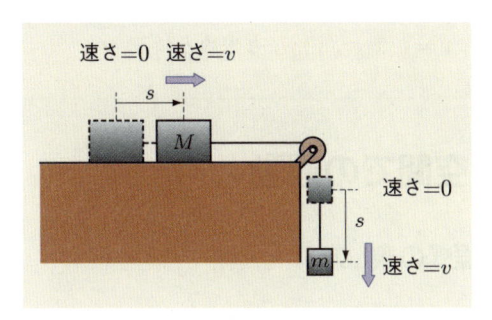

図1.63

解答

物体の重力による位置エネルギーの基準を机の面とし，おもりの重力による位置エネルギーの基準を最初のおもりの位置とする．物体の速さとおもりの速さは等しい．力学的エネルギー保存の法則より，次式が成り立つ．

$$\frac{1}{2}Mv^2 + Mg \times 0 + \frac{1}{2}mv^2 + mg(-s) = 0 + Mg \times 0 + 0 + mg \times 0$$

この式より，$v = \sqrt{\dfrac{2mgs}{M+m}}$ と求められる．

例題 1.21

図 1.64 のように，長さ L の糸の先に質量 m のおもりのついた振り子がある．最初，振り子は鉛直方向から傾いた位置で静止させた．そのとき，天井からおもりまで垂直に測った長さが $\dfrac{\sqrt{3}}{2}L$ であった．手を離して，振り子が鉛直の位置に来たときのおもりの速さ v を求めよ．

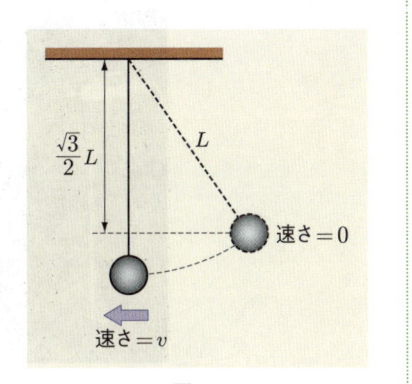

図1.64

解答 おもりの重力による位置エネルギーの基準を天井の面とする．おもりにはたらく糸の張力の向きは，つねにおもりの速度の向きに垂直だから，糸の張力はおもりに仕事をしない．そのため，力学的エネルギー保存の法則より，次式が成り立つ．

$$\frac{1}{2}mv^2 + mg(-L) = 0 + mg\left(-\frac{\sqrt{3}}{2}L\right)$$

この式より，$v = \sqrt{(2-\sqrt{3})gL}$ と求められる．

1.6 平面・空間での運動

1.6.1 運動方程式の表し方

　これまでは，おもに直線上（x 軸や y 軸方向）の運動について学んできた．この節では，平面や空間での運動について考える．まず，図 1.65 の水平投げ出しと自由落下の実験（ストロボ写真）をみてみる．球 A をある速度で水平に投げ出すと同時に，同じ高さにある球 B を自由落下させると，球 A と B は必ず衝突する．この実験結果は，どちらの球も鉛直方向の運動は同じであることを示している．また，球 A の水平方向の運動は，一定時間に進む距離が同じであることから等速直線運動であることがわかる．球 A の運動は，水平方向に等速直線運動をしながら，鉛直方向に自由落下しており，水平方向と鉛直方向の運動はそれぞれ独立して考えることができる．すなわち，xy 平面での物体の運動は，その物体の x，y 方向それぞれの運動法則に従っている．したがって，平面における運動方程式は次のように表される．

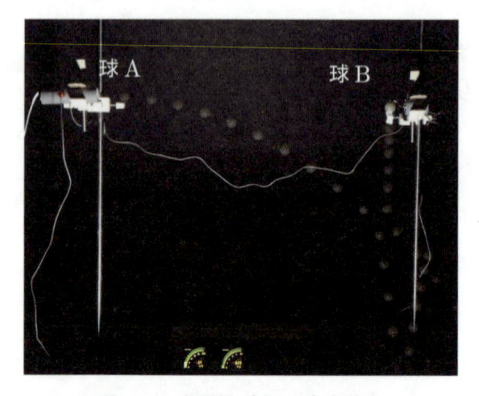

図 1.65　水平投げ出しと自由落下

$$\begin{cases} ma_x = F_x \\ ma_y = F_y \end{cases} \quad (1.32)$$

m は物体の質量であり，a_x と F_x は x 軸方向の加速度と力，a_y と F_y は y 軸方向の加速度と力である．空間における運動であれば，平面のときと同様に，x, y, z 方向において，

$$\begin{cases} ma_x = F_x \\ ma_y = F_y \\ ma_z = F_z \end{cases} \quad (1.33)$$

と表せる．

1.6.2 力の表し方とベクトルの性質

　平面や空間での運動を数学的に記述するのには，**ベクトル**を用いると便利である．ベクトルとは，大きさと向きを合わせもつ量であり，力や加速度，速度はベクトルである．また，質量のように大きさだけをもち，向きをもたない量を**スカラー**という．図1.66のように，ベクトルは線分に矢印をつけて表す．このとき，その線分の長さは大きさを表し，線分についている矢印はその向きを表している．矢印がついていない端を始点といい，矢印がついている端を終点という．また，ベクトルは，平面内や空間内で平行移動しても変わらない．ベクトルの記号は，$\vec{F}$ や $\vec{a}$ のように文字の上に矢印（→）をつけて表す．$\vec{F}$ は力ベクトルであり，$\vec{a}$ は加速度ベクトルを表す．ベクトルの大きさは，$|\vec{F}|$ や $|\vec{a}|$ と表し，単に F, a とも表す．式(1.11)で，$ma = F$ と表された運動方程式は，ベクトルを用いて，

$$m\vec{a} = \vec{F} \quad (1.34)$$

と書ける．

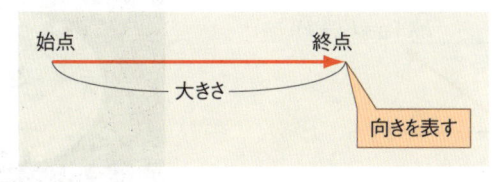

図1.66　ベクトルの図示

1.6.3 力の合成

複数の力を一つの力で表すことを**力の合成**といい，そのように表された力を**合力**という．図1.67(a) に示すように，点 O に二つの力 $\vec{F_1}$ と $\vec{F_2}$ がはたらいたときの合力 $\vec{F}$ は，その二つのベクトルで作られる平行四辺形の対角線で示される．これを**平行四辺形の法則**といい，$\vec{F} = \vec{F_1} + \vec{F_2}$ と表す．なお，合力 $\vec{F}$ は，図 (b) のように，力 $\vec{F_1}$ の終点に平行移動させた力 $\vec{F_2}$ の始点を合わせて，$\vec{F_1}$ の始点 O から $\vec{F_2}$ の終点に向かうベクトルでも表せる．

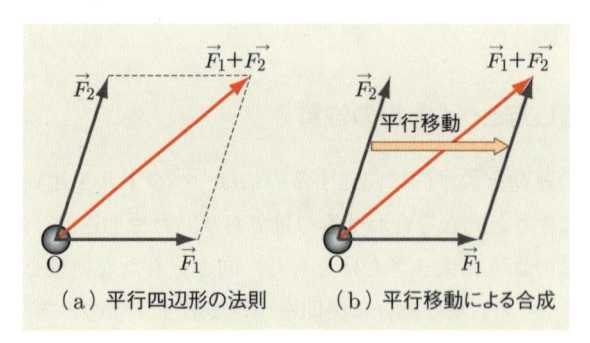

図1.67　力の合成

図1.68 のように，点 O にある物体を同一平面内にある三つの力 $\vec{F_A}$, $\vec{F_B}$, $\vec{F_C}$ で引っ張ったとき，物体が静止し続けているとする．このとき，前述の平行四辺形の法則で，$\vec{F_A}$ と $\vec{F_B}$ の合力 $\vec{F_{A+B}}$ を作図してみると，それは $\vec{F_C}$ と逆向きで大きさが等しいことがわかる．

これは，$\vec{F_{A+B}}$ と $\vec{F_C}$ という同じ大きさの二つの力で互いに逆向きに引っ張っていることと同じである．1.2.1 項で述べたように，この場合，物体にはたらいている力の合力はゼロであり，力がつり合っていることを意味している．$\vec{F_C} = -\vec{F_{A+B}}$ であり，

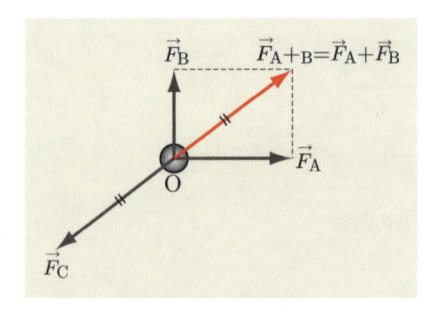

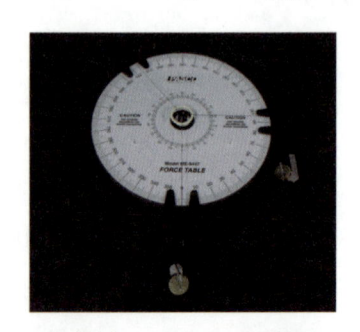

図1.68　3力の合力　　　　図1.69　3力の合力の実験装置

$\vec{F}_{A+B} + \vec{F}_C = 0$, すなわち $\vec{F}_A + \vec{F}_B + \vec{F}_C = 0$ である．一般に，一点に n 個の力がはたらいているとき，それらの**力のつり合いの条件**は，

$$\vec{F}_1 + \vec{F}_2 + \vec{F}_3 + \cdots + \vec{F}_n = 0 \tag{1.35}$$

である．これは，図 1.69 のような実験装置を用いると，実際に確認することができる．

例題 1.22 図 1.70 のように，一点 O に三つの力がはたらいている．その合力を図示せよ．

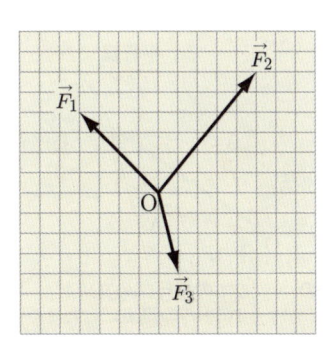

図1.70

解答 図 1.71 のようになる．赤いベクトルが三つの力の合力である．

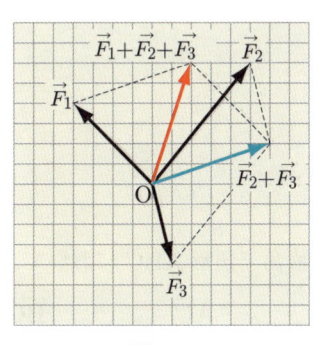

図1.71

1.6.4 力の分解

一つの力を複数の力に分けることを**力の分解**といい，分解された力を**分力**という．

図 1.72(a) のように，与えられた一つの力 $\vec{F}$ を二つの力に分解するときは，図 (b) のように $\vec{F}$ の始点と終点から分解したい方向（軸）と平行な線を引いて，$\vec{F}$ が対角線となるような平行四辺形を描き，それぞれの辺 OA, OB に相当するベクトルを分力 $\vec{F_1}$, $\vec{F_2}$ とする．もちろん $\vec{F} = \vec{F_1} + \vec{F_2}$ である．平面において，図 (c) のように力 $\vec{F}$ を x 軸，y 軸の二つの方向に分解する場合，x 軸方向の分力の大きさに向きを表す符号をつけたものを力 $\vec{F}$ の x 成分といい，F_x と表す†．同様に，力 $\vec{F}$ の y 成分を F_y と表す．力の大きさ F は $F^2 = F_x{}^2 + F_y{}^2$ である．

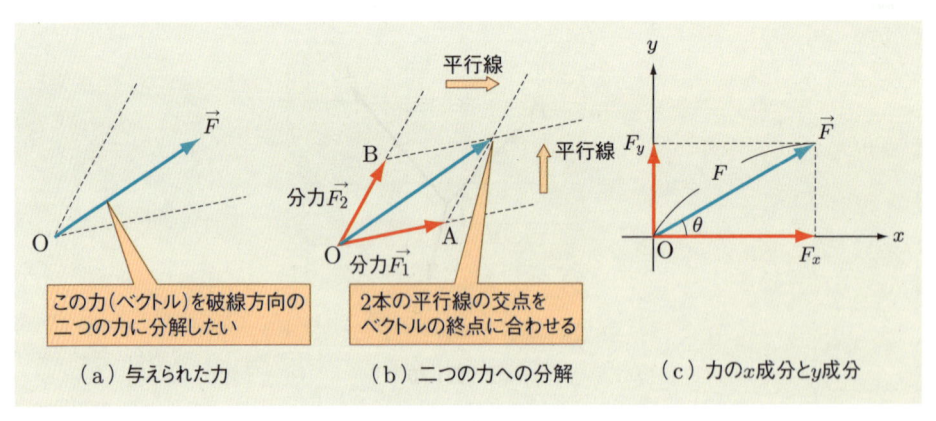

図1.72　力の分解

(a) 与えられた力　　(b) 二つの力への分解　　(c) 力の x 成分と y 成分

力 $\vec{F}$ が x 軸と角 θ をなしているとき，x 成分 F_x と y 成分 F_y は，三角比を用いて，

$$\begin{cases} F_x = F\cos\theta \\ F_y = F\sin\theta \end{cases} \tag{1.36}$$

$$\tan\theta = \frac{F_y}{F_x} \tag{1.37}$$

と表せる．

三角比とは，図 1.73 の直角三角形 ABC において，辺の比をとったものであり，

$$\sin\theta = \frac{\overline{BC}}{\overline{AB}}, \quad \cos\theta = \frac{\overline{AC}}{\overline{AB}}, \quad \tan\theta = \frac{\overline{BC}}{\overline{AC}}$$

で定義されている．また，$\sin\theta$, $\cos\theta$, $\tan\theta$ の間には，$\tan\theta = \dfrac{\sin\theta}{\cos\theta}$ の関係がある．表 1.3 に，代表的な三角比の値を示す．特徴的な角度として，$\theta = 30°, 45°, 60°$ があり，そのときの三角比の値は，$\sin 30° = \cos 60° = \dfrac{1}{2}$, $\sin 45° = \cos 45° = \dfrac{1}{\sqrt{2}}$, $\sin 60° =$

---
† 通常，成分はベクトルとはよばないので，ベクトルを表す矢印はつけない．

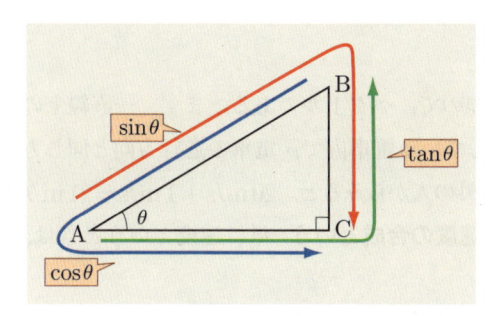

表1.3　代表的な三角比の値

θ	0°	30°	45°	60°	90°
$\sin\theta$	0	$\dfrac{1}{2}$	$\dfrac{1}{\sqrt{2}}$	$\dfrac{\sqrt{3}}{2}$	1
$\cos\theta$	1	$\dfrac{\sqrt{3}}{2}$	$\dfrac{1}{\sqrt{2}}$	$\dfrac{1}{2}$	0

図1.73　三角比

$\cos 30° = \dfrac{\sqrt{3}}{2}$ である．また，$\theta = 0°$，$90°$ に対しては，$\sin 0° = \cos 90° = 0$，$\sin 90° = \cos 0° = 1$ である．

例題1.23

図1.74に示すような，傾き角 θ の摩擦のない斜面に大きさが無視できる質量 m の物体を置いたとき，斜面に平行な力を作用させて，物体を静止させたい．作用させる力を作図せよ．

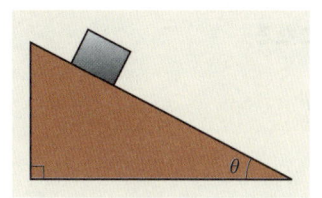

図1.74

解答

図1.75のようになる．赤いベクトルが作用させる力である．

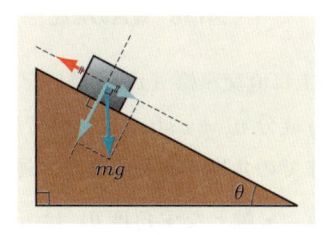

図1.75

1.6.5 速度の合成

　速度も力と同じように大きさと向きをもつので，ベクトルである．まず，一直線上の運動について考える．速度 20 m/s で走行している電車内で，電車の進行方向と同じ方向に速度 1 m/s で歩いている乗客を，電車の外の人からみると，20 m/s ＋ 1 m/s ＝ 21 m/s の速度で動いているようにみえる．これを**速度の合成**という．単に速度というときは，地表に対する速度のことである．

　動く歩道を歩く人の速度は，まさに速度の合成である．たとえば，人が歩く速度を $\vec{v}_1$，動く歩道の速度を $\vec{v}_2$ とすると，その合成速度 $\vec{v}$ は，

$$\vec{v} = \vec{v}_1 + \vec{v}_2 \tag{1.38}$$

で表せる．

　次は，平面上の運動について考えてみる．図 1.76 のように，川などの流水上を移動する船の動きを岸から観測する．静水上を速度 $\vec{u}$ で進む船が，速度 $\vec{v}$ の流水上を動いている．岸にいる観測者からみると，その船の速度 $\vec{w}$ はどうなるだろうか．時間 t の間に，船は，岸に対して変位 $\vec{s} = \vec{u}t + \vec{v}t$ だけ移動するので，岸の観測者からみた速度 $\vec{w}$ は，次のようになる．

$$\vec{w} = \frac{\vec{s}}{t} = \vec{u} + \vec{v} \tag{1.39}$$

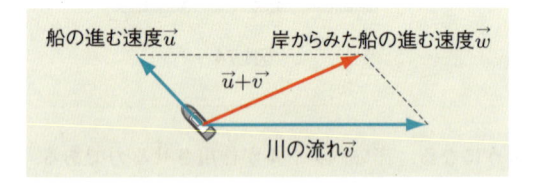

図1.76　速度の合成

　図 1.77 のように，平面上に直交座標（xy 座標）をとれば，ベクトルである速度 $\vec{v}$ は x 成分 $v_x = v\cos\theta$ と y 成分 $v_y = v\sin\theta$ に分けて表すことができる．θ は x 軸から反時計回りに測った $\vec{v}$ までの角度である．また，速度の成分がわかっていれば，$\vec{v}$ の大きさ（速さ）v と向き（x 軸となす角度 θ）は，$v = \sqrt{v_x^2 + v_y^2}$，$\tan\theta = \frac{v_y}{v_x}$ で与えられる．

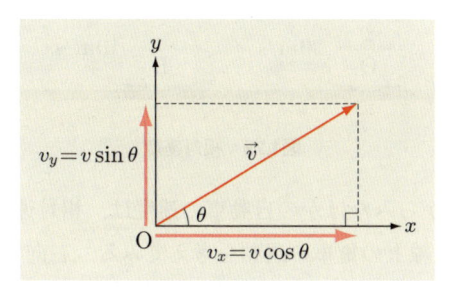

図1.77　速度の成分

例題 1.24　静水上では $6.0\,\mathrm{m/s}$ で進むモーターボートで，流れの速さが $1.2\,\mathrm{m/s}$ の川を直角に横断しようとしたが，川の流れによりボートは下流に流された．そのときのボートの速さを求めよ．

解答　図 1.78 のように，ボートの速度と川の速度は直交しているので，合成速度は図の赤い速度ベクトルになる．ここでは，速さ（速度の大きさ）w を求めるので，三平方の定理より $w = \sqrt{u^2+v^2} = \sqrt{6.0^2+1.2^2} \fallingdotseq 6.1\,\mathrm{m/s}$ となる．

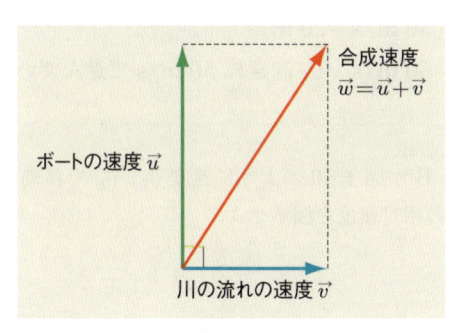

図1.78

1.6.6 相対速度

物体 A が速度 $\vec{v}_A$ で運動し，物体 B が速度 $\vec{v}_B$ で運動しているとき，物体 A からみた物体 B の速度 $\vec{u}$ を，**A に対する B の相対速度**といい，次式で与えられる．

$$\vec{u} = \vec{v}_B - \vec{v}_A \tag{1.40}$$

図1.79　相対速度

自分が乗った自動車からみたほかの自動車の速度は，相対速度である．

図1.79のような一直線上の電車の運動を考えてみる．右向きを正の向きとすると，電車 O，A，B，C の速度はそれぞれ，$v_O = 20\,\mathrm{m/s}$，$v_A = 30\,\mathrm{m/s}$，$v_B = 10\,\mathrm{m/s}$，$v_C = -30\,\mathrm{m/s}$ である．観測者が乗った電車 O からみたほかの電車 A，B，C の相対速度は，以下のとおりである．

$$
\begin{aligned}
u_A &= v_A - v_O \\
&= 30\,\mathrm{m/s} - 20\,\mathrm{m/s} \\
&= 10\,\mathrm{m/s} \cdots 右向きに 10\,\mathrm{m/s} で進んでいるようにみえる． \\
u_B &= v_B - v_O \\
&= 10\,\mathrm{m/s} - 20\,\mathrm{m/s} \\
&= -10\,\mathrm{m/s} \cdots 左向きに 10\,\mathrm{m/s} で進んでいるようにみえる． \\
u_C &= v_C - v_O \\
&= -30\,\mathrm{m/s} - 20\,\mathrm{m/s} \\
&= -50\,\mathrm{m/s} \cdots 左向きに 50\,\mathrm{m/s} で進んでいるようにみえる．
\end{aligned}
$$

例題 1.25

物体 A，B が図 1.80 のように速度 $\vec{v}_A$，$\vec{v}_B$ で移動している．物体 B からみた物体 A の相対速度を図示せよ．

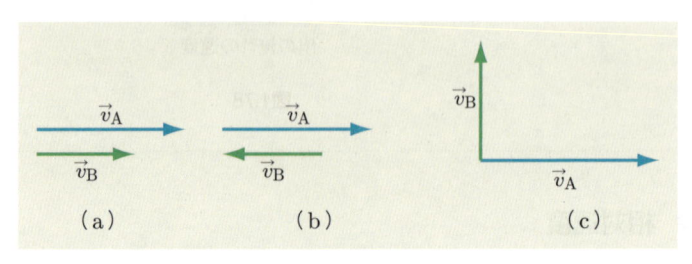

図1.80

解答

物体 B からみた物体 A の相対速度 $\vec{u}$ は，$\vec{u} = \vec{v}_A - \vec{v}_B$ である．よって，図 1.81 の赤いベクトルが相対速度になる．

第1章　力と運動

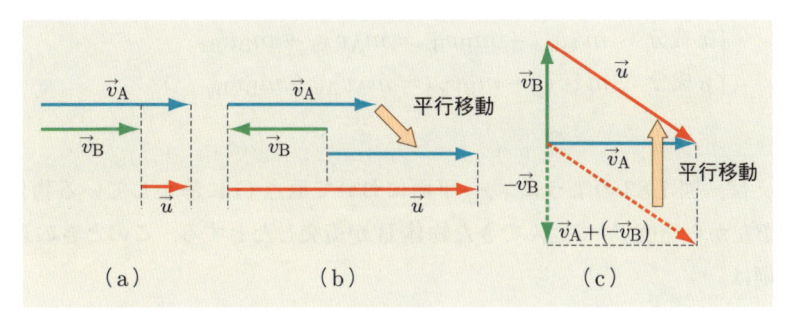

図1.81

1.6.7 平面における運動量保存の法則

1.4.2項で学んだように，運動量 $\vec{p}$ は質量 m と速度 $\vec{v}$ の積であり，$\vec{p} = m\vec{v}$ で表される．運動が一直線上（1次元）でない場合，運動量保存の法則は，ベクトルの成分によって示される．図1.82(a) のように，xy 平面で質量 m_A，速度 $\vec{v}_A$ の物体 A が，質量 m_B，速度 $\vec{v}_B$ の物体 B と衝突した後，物体 A，B がそれぞれ速度 $\vec{v}'_A$，$\vec{v}'_B$ になって運動を続けたとする．このとき，運動量保存の法則は，ベクトルを用いると，

$$m_A \vec{v}_A + m_B \vec{v}_B = m_A \vec{v}'_A + m_B \vec{v}'_B \tag{1.41}$$

となる．運動量ベクトルの合成を用いて図示すると，図 (b) のようになる．式 (1.41) をそれぞれの運動量の成分で表すと，

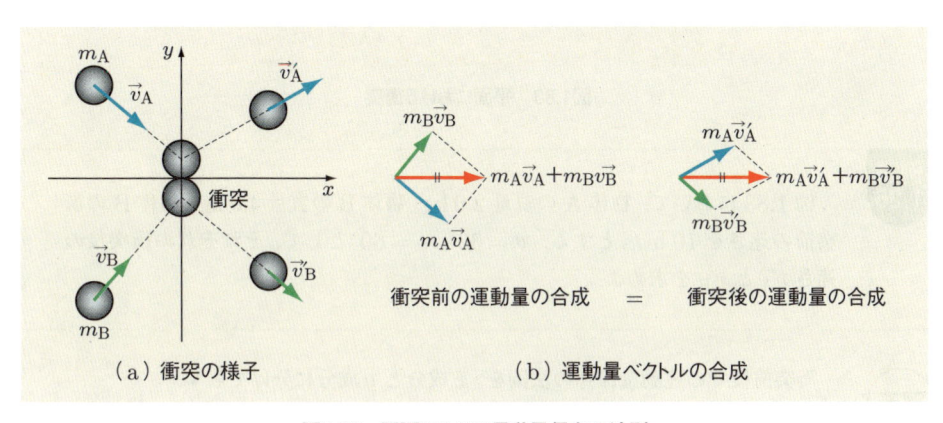

図1.82　平面における運動量保存の法則

$$\begin{cases} x\,\text{成分}: & m_\text{A} v_{\text{A}x} + m_\text{B} v_{\text{B}x} = m_\text{A} v'_{\text{A}x} + m_\text{B} v'_{\text{B}x} \\ y\,\text{成分}: & m_\text{A} v_{\text{A}y} + m_\text{B} v_{\text{B}y} = m_\text{A} v'_{\text{A}y} + m_\text{B} v'_{\text{B}y} \end{cases} \quad (1.42)$$

となる．

たとえば，図 1.83 のように，xy 平面において原点 O に静止している物体 A に，x 軸上を左から速度 $\vec{v}_\text{B}$ で進んできた物体 B が衝突したとする．このときの運動量保存の法則は，

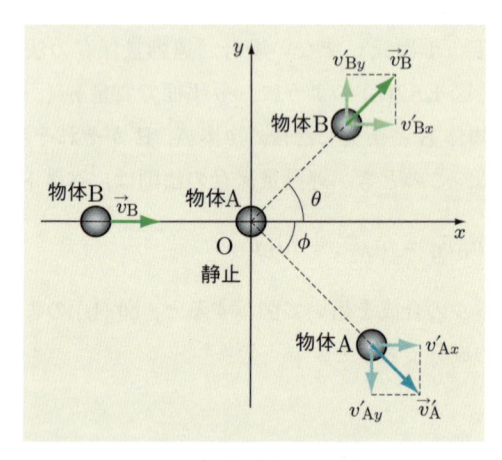

$$\begin{cases} x\,\text{成分}: & m_\text{A}\cdot 0 + m_\text{B} v_\text{B} = m_\text{A} v'_{\text{A}x} + m_\text{B} v'_{\text{B}x} \\ y\,\text{成分}: & m_\text{A}\cdot 0 + m_\text{B}\cdot 0 = m_\text{A} v'_{\text{A}y} + m_\text{B} v'_{\text{B}y} \end{cases}$$

となる．また，$v'_{\text{A}x} = v'_\text{A}\cos\phi,\ v'_{\text{A}y} = -v'_\text{A}\sin\phi,\ v'_{\text{B}x} = v'_\text{B}\cos\theta,\ v'_{\text{B}y} = v'_\text{B}\sin\theta$ である．

図1.83　平面における衝突

例題 1.26

図 1.83 において，物体 A の質量 2.0 kg，物体 B の質量 4.0 kg，物体 B の衝突前の速さを 10 m/s とする．$\theta = 30°$，$\phi = 60°$ として，それぞれの衝突後の速さ v'_A と v'_B を求めよ．

解答　衝突前後での運動量保存の法則を，x 成分と y 成分に分けて表す．

$$\begin{cases} x\text{成分}: & 4.0 \times 10 = 2.0 \times v'_A \cos 60° + 4.0 \times v'_B \cos 30° \\ y\text{成分}: & 0 = 2.0 \times (-v'_A \sin 60°) + 4.0 \times v'_B \sin 30° \end{cases}$$

この連立方程式を解くことにより，$v'_A = 10\text{ m/s}$ と $v'_B \fallingdotseq 8.7\text{ m/s}$ と求められる．

1.6.8 仕事の原理

1.5 節で学んだように，仕事 W は，力 F と変位 s の積で表される．ただし，変位の方向と垂直にはたらく力は仕事をしない．図 1.84 のように，変位の方向と異なる方向に力 $\vec{F}$ がはたらくときは，その力を，変位の方向と平行な成分 $F_\parallel$ と，それに垂直な成分 $F_\perp$ に分解して，変位の方向のみの力 $F_\parallel$ と変位 s の積で仕事 W を求めることができる．力 $\vec{F}$ が変位の方向となす角を θ としたとき，$F_\parallel = F\cos\theta$ だから，この力がする仕事 W は，

$$W = Fs\cos\theta \tag{1.43}$$

である．

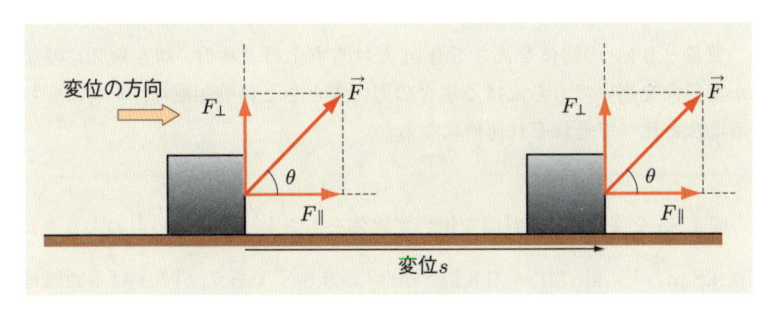

図1.84 仕事

図 1.85 のように，二つの方法で高さ h まで質量 m の物体を運ぶときの仕事について考える．一つは，傾き角 θ のなめらかな斜面に沿って引き上げる場合（ケース①），もう一つは，垂直に引き上げる場合（ケース②）について仕事を求めてみる．重力加速度の大きさを g として，摩擦などの抵抗は考えない．

ケース①については，まず，物体にはたらく力を考える．物体には，斜面下方に $mg\sin\theta$ の大きさの力がはたらく．それと同じ大きさの力によって，物体を斜面に沿って引っ張ればよい．また，斜面の長さ（距離）を L とすると，$\dfrac{h}{L} = \sin\theta$ であるから，

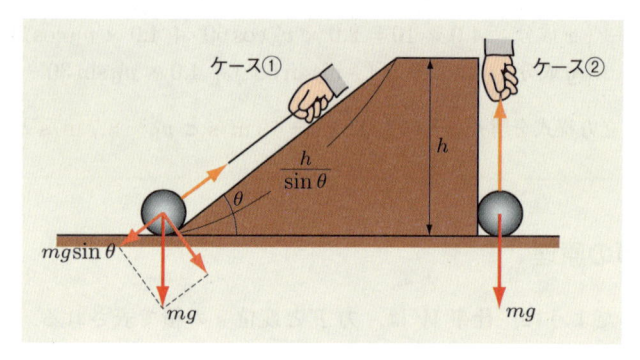

図1.85 仕事の原理

$L = \dfrac{h}{\sin\theta}$ となる．すなわち，仕事 $W = mg\sin\theta \times \dfrac{h}{\sin\theta} = mgh$ となる．

一方，ケース②では，重力と同じ mg の大きさの力で h だけ引き上げるから，仕事 $W = mg \times h = mgh$ となる．①と②のいずれの方法で物体を引っ張り上げても，仕事 W は同じである．一般に，滑車などの道具を使うと必要な力の大きさを小さくすることはできるが，仕事の大きさは変わらない．これを**仕事の原理**という．

例題 1.27　質量 2.0 kg の物体を高さ 5.0 m だけもち上げる場合，傾き角 30° のなめらかな斜面を用いてもち上げる場合の力の大きさと移動距離は，垂直にもち上げる場合と比べてそれぞれ何倍になるか．

解答　図 1.85 を参照する．斜面を用いて物体をもち上げる場合の力の大きさは $2.0\,\text{kg} \times 9.8\,\text{m/s}^2 \times \sin 30° = 9.8\,\text{kg}\cdot\text{m/s}^2 = 9.8\,\text{N}$ であり，引き上げる距離は $\dfrac{5.0\,\text{m}}{\sin 30°} = 10\,\text{m}$ である．垂直にもち上げる場合，力の大きさは $2.0\,\text{kg} \times 9.8\,\text{m/s}^2 = 19.6\,\text{N}$ であり，移動距離は 5.0 m なので，<u>力の大きさは半分</u>で，<u>距離は2倍</u>である．

1.6.9　水平方向に投げ出した運動

図 1.65 の実験からわかるように，水平方向にある初速を与えて物体を投げ出すと，その物体は曲線を描きながら落下する．図 1.86 のように xy 座標をとり，物体の運動について考えてみる．質量を m として，水平方向（x 軸方向）に初速 v_0 で投げ出

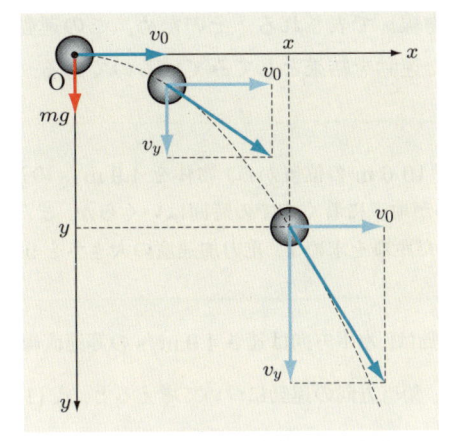

図1.86 水平方向に投げ出された運動

された物体は，y軸方向に重力mgのみがはたらく．

x軸方向には何の力もはたらかない．すなわち，物体にはたらく力$\vec{F}$の成分は$F_x = 0$, $F_y = mg$である．物体の加速度$\vec{a}$の成分をa_x, a_yとすると，各成分の運動方程式は，式(1.32)より，次のようになる．

x成分： $ma_x = 0$

y成分： $ma_y = mg$

これより，加速度は$a_x = 0$, $a_y = g$となる．すなわち，x軸方向の運動は初速v_0の等速直線運動，y軸方向は加速度gをもつ等加速度直線運動であることがわかる．また，初速v_0はx軸方向のみに与えられているので，y軸方向の初速はゼロである．これらから，時間tにおける物体の速度$\vec{v}$の成分と，物体の位置座標(x, y)は，

$$\begin{cases} v_x = v_0 \\ v_y = gt \end{cases} \tag{1.44}$$

$$\begin{cases} x = v_0 t \\ y = \dfrac{1}{2}gt^2 \end{cases} \tag{1.45}$$

となり，y方向の運動は初速v_0によらないことがわかる．また，yとxの関係は

$$y = \frac{g}{2v_0^2} x^2 \tag{1.46}$$

となり，2次関数（放物線）で表される．そのため，この運動を**放物運動**という．観測者は，この合成された運動を結果としてみているのである．

> **例題 1.28**　地表から高さ 19.6 m の位置から，物体を 4.9 m/s の速さで水平に投げた．投げてから物体が地表に着くまでの時間はいくらか．また，その時間に物体が水平方向に進んだ距離を求めよ．重力加速度の大きさを 9.8 m/s² とする．

解答　この物体の運動は，水平方向は速さ 4.9 m/s の等速直線運動であり，鉛直方向は自由落下である．鉛直方向の運動について考えると，式 (1.45) より，$19.6 \text{ m} = \frac{1}{2} \times 9.8 \text{ m/s}^2 \times t^2$ で，$t = 2.0 \text{ s}$ となる．

水平方向は，式 (1.45) より，$x = 4.9 \text{ m/s} \times 2.0 \text{ s} = 9.8 \text{ m}$ となる．

1.6.10　斜めに投げ上げた運動

質量 m の物体を，水平方向と角度 θ をなす方向に初速 v_0 で投げ上げた．この運動は xy 平面内の運動で，図 1.87 のように，鉛直上向きを y 軸の正の向きとして考える．

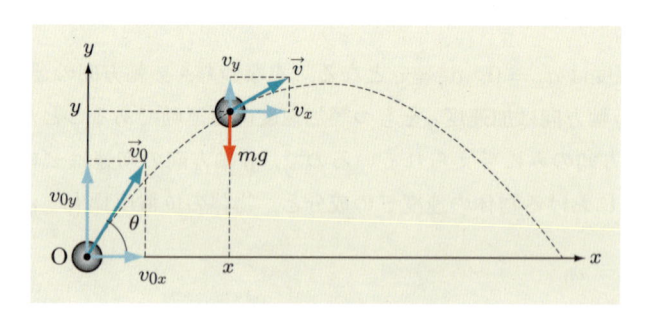

図1.87　斜めに投げ上げた運動

物体には投げ出された瞬間から重力のみが鉛直下向きにはたらくが，水平方向には力ははたらかない．すなわち，物体にはたらく力 $\vec{F}$ の x, y 成分は，$F_x = 0$, $F_y = -mg$ である．物体の加速度 $\vec{a}$ の成分を a_x, a_y として，それぞれ運動方程式を立てると，式 (1.32) より，$ma_x = 0$, $ma_y = -mg$ となり，加速度の成分は $a_x = 0$, $a_y = -g$ である．

また，初速 v_0，角度 θ で投げ上げられた物体の初速度 $\vec{v}_0$ の成分は，$v_{0x} = v_0 \cos \theta$,

$v_{0y} = v_0 \sin\theta$ である.

これより，x 軸方向の運動は初速 $v_0 \cos\theta$ の等速直線運動で，y 軸方向の運動は初速 $v_0 \sin\theta$，加速度 $a_y = -g$ の等加速度直線運動であることがわかる.

よって，時間 t における速度 $\vec{v} = (v_x, v_y)$ と位置の座標 (x, y) は，

$$\begin{cases} v_x = v_0 \cos\theta \\ v_y = v_0 \sin\theta - gt \end{cases} \tag{1.47}$$

$$\begin{cases} x = v_x t = v_0 \cos\theta \cdot t \\ y = v_0 \sin\theta \cdot t - \dfrac{1}{2} g t^2 \end{cases} \tag{1.48}$$

である. 式 (1.47) と式 (1.48) から t を消去して，y を x の関数として表すと，

$$y = v_0 \sin\theta \cdot \frac{x}{v_0 \cos\theta} - \frac{1}{2} g \left(\frac{x}{v_0 \cos\theta} \right)^2$$

$$= \tan\theta \cdot x - \frac{g}{2 v_0^2 \cos^2\theta} \cdot x^2 \tag{1.49}$$

となり，y は x の 2 次関数（放物線）で表され，放物運動をすることがわかる.

例題 1.29

地表面から角度 $30°$，速さ $20\,\mathrm{m/s}$ で物体を投げた. 物体が最高点に達するまでにかかった時間 t と，その高さ h はいくらか. また，投げた位置から最高点までの水平距離 s はいくらか. ただし，重力加速度の大きさ g を $10\,\mathrm{m/s^2}$ とする.

解答

この物体の運動は，水平方向は等速直線運動であり，鉛直方向は投げ上げ運動である. 図 1.87 のように座標をとって考える. 地表面から角度 $30°$，速さ $20\,\mathrm{m/s}$ で投げられた物体の初速度 $\vec{v}_0$ の x 成分 v_{0x} と y 成分 v_{0y} は，

$$\begin{cases} v_{0x} = v_0 \cos\theta = 20\,\mathrm{m/s} \times \cos 30° = 10\sqrt{3}\,\mathrm{m/s} \\ v_{0y} = v_0 \sin\theta = 20\,\mathrm{m/s} \times \sin 30° = 10\,\mathrm{m/s} \end{cases}$$

となる. すなわち，x 軸方向は速さ $10\sqrt{3}\,\mathrm{m/s}$ の等速直線運動であり，$v_x = 10\sqrt{3}\,\mathrm{m/s}$，$x = 10\sqrt{3}\,t$ である. 一方，y 軸方向は初速 $10\,\mathrm{m/s}$ で加速度 $a_y = -g = -10\,\mathrm{m/s^2}$ の投げ上げ運動（等加速度直線運動）であるので，$v_y = v_{0y} + a_y t = 10 - 10t$，$y = v_{0y} t + \dfrac{1}{2} a_y t^2 = 10t - 5t^2$ となる. 最高点に達したとき，物体の速度

の y 成分は $v_y=0$ になるので，$0=10\,\mathrm{m/s}-10\,\mathrm{m/s^2}\times t$ より，$t=1.0\,\mathrm{s}$ となる．

そのときの高さ $h=10\,\mathrm{m/s}\times 1.0\,\mathrm{s}-\dfrac{1}{2}\times 10\,\mathrm{m/s^2}\times(1.0\,\mathrm{s})^2=5.0\,\mathrm{m}$ となる．水平距離は $s=10\sqrt{3}\,\mathrm{m/s}\times 1.0\,\mathrm{s}\fallingdotseq 17\,\mathrm{m}$ となる．

1.6.11 斜面上にある物体の運動

(1) 斜面に摩擦がない場合

図1.88のように，水平面と角度 θ をなすなめらかな斜面上に質量 m の物体を静かに置くと，物体は斜面を滑り始める．その物体の運動について調べてみる．まず，斜面に対して平行な方向（x軸方向）と垂直な方向（y軸方向）に座標軸をとる．斜面上の物体には，鉛直下向きに大きさ mg の重力がはたらく．この重力を x軸方向と y軸方向に分解すると，

$$\begin{cases} \text{斜面に平行な成分：} & mg\sin\theta \\ \text{斜面に垂直な成分：} & mg\cos\theta \end{cases}$$

になる．また，物体は斜面から大きさ N の垂直抗力を受ける．

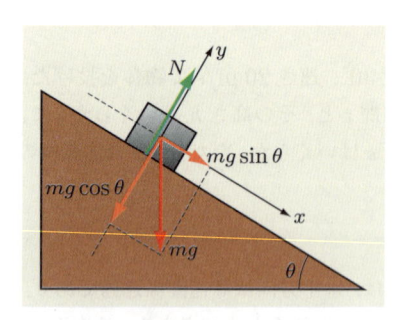

図1.88　摩擦がない斜面での運動

加速度 $\vec{a}$ の x 成分を a_x，y 成分を a_y として，それぞれの方向で運動方程式を立てると，次のようになる．

$$\begin{cases} ma_x = mg\sin\theta \\ ma_y = N+(-mg\cos\theta) = N-mg\cos\theta \end{cases}$$

物体は斜面に垂直な方向には運動しない．すなわち $a_y=0$ であり，$N=mg\cos\theta$

となる．斜面方向については $a_x = g\sin\theta$ となり，大きさ $g\sin\theta$ の加速度で物体は斜面を滑っていく．この加速度は斜面の角度 θ によって決まり，物体の質量にはよらない．

(2) 斜面に摩擦がある場合

図 1.89 のように，水平面と角度 θ をなす粗い斜面上に質量 m の物体を静かに置くと，物体は大きさ f' の動摩擦力を受けながら斜面を滑り出した．この運動について考えてみる．(1) と同じように座標軸を設定する．斜面に対して垂直な y 軸方向は，摩擦がない場合と同じであり，垂直抗力と物体にはたらく重力の y 成分の大きさは等しく，$N = mg\cos\theta$ である．斜面に平行な x 軸方向については，重力の x 成分 $mg\sin\theta$ と大きさ f' の動摩擦力がはたらいている．動摩擦力は，物体が運動する方向と逆向きにはたらく力である．x 方向について運動方程式を立てると，加速度の x 成分を a_x として，

$$ma_x = mg\sin\theta + (-f') = mg\sin\theta - f'$$

となる．ところで，動摩擦力の大きさ f' は，式 (1.16) のように動摩擦係数 μ' と垂直抗力の大きさ N の積で表されるので，

$$f' = \mu' N = \mu' mg\cos\theta$$

である．よって，運動方程式は，

$$ma_x = mg\sin\theta - \mu' mg\cos\theta$$

となり，物体が斜面を滑るときの加速度の大きさは $(\sin\theta - \mu'\cos\theta)g$ となる．

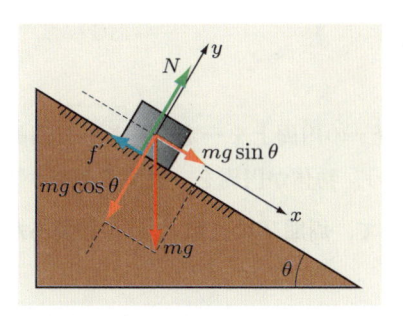

図1.89　摩擦のある斜面での運動

例題 1.30　水平面となす角 θ が変えられる粗い斜面がある．斜面上に質量 m の物体を置き，角度 θ を $0°$ から大きくして $30°$ を超えたとき物体は滑り出した．この物体と斜面の間の静止摩擦係数 μ はいくらか．

解答　図 1.90 に，物体が滑り出す直前の力の関係を表す．

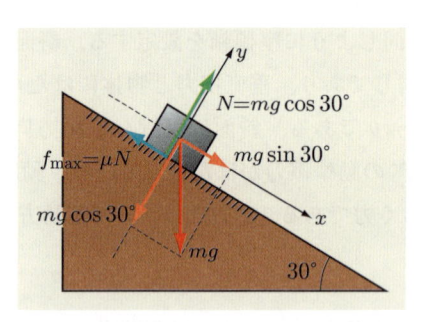

図1.90　物体が滑り出す直前の力の関係

重力の斜面に平行な成分の大きさが，最大静止摩擦力の大きさ f_max より大きくなったときに物体が滑り始める．その直前の状態である $f_\text{max} = mg\sin 30°$ の関係から静止摩擦係数 μ を求める．式 (1.15) より，$f_\text{max} = \mu N$ だから，$mg\sin 30° = \mu mg \cos 30°$ より，$\mu = \tan 30° = \dfrac{1}{\sqrt{3}} \fallingdotseq 0.58$ となる．

このように，物体が斜面を滑り出す直前の傾き角 θ_0 を**摩擦角**という．静止摩擦係数 μ と摩擦角 θ_0 の間には，次の関係式がある．

$$\mu = \tan\theta_0 \tag{1.50}$$

1.6.12　等速円運動

図 1.91 のように，半径 r の円周上を一定の速さ v で回転している物体（質量 m）の運動を**等速円運動**という．物体が円周を一周するのにかかる時間 T を**周期**といい，単位は [s] である．そして，周期 T の逆数 $\dfrac{1}{T}$ は **1 秒間あたりの回転数** n を表す．

$$n = \dfrac{1}{T} \tag{1.51}$$

1 秒間あたりの回転数の単位は [1/s] である．物体がこの円周上を一周したとき，移

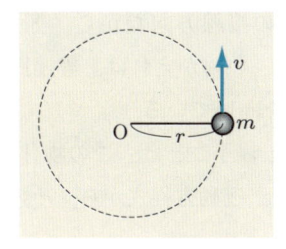

図1.91 等速円運動

動した距離は $2\pi r$ である．速さ＝動いた距離÷時間であるので，物体の速さ v は，

$$v = \frac{2\pi r}{T} \tag{1.52}$$

である．

　等速円運動では，物体の速さ v は一定であるが，図 1.92(a) のように速度の向きはつねに変わっている．速度の向きはその位置における円軌道の接線方向である．円軌道上のそれぞれの位置での速度ベクトルの始点を合わせて作図すると，図 (b) のように速度の大きさ（速さ）v を半径とした円ができる．一般に，速度ベクトルの始点を合わせたとき，終点が描く曲線を**ホドグラフ**という．等速円運動のホドグラフは半径 v の円である．すなわち，1周期の間に速度はこの円周 $2\pi v$ だけ変化する．加速度＝速度の変化÷時間なので，加速度の大きさは $a = \dfrac{2\pi v}{T}$ である．$v = \dfrac{2\pi r}{T}$ より，$\dfrac{2\pi}{T} = \dfrac{v}{r}$ だから，次のようになる．

$$a = \frac{2\pi v}{T} = \frac{v}{r} \cdot v = \frac{v^2}{r} \tag{1.53}$$

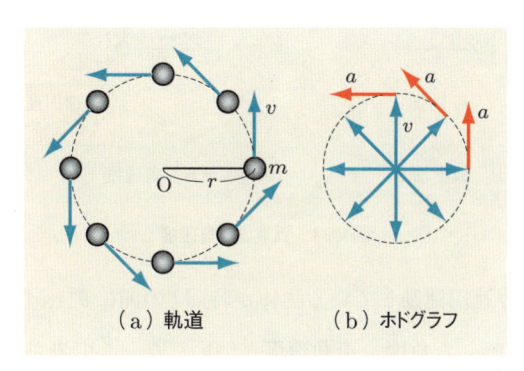

（a）軌道　　**（b）ホドグラフ**

図1.92　等速円運動の速度と加速度

加速度の向きはホドグラフの接線方向だから，等速円運動の加速度の向きは図1.92(b) の円の接線方向である．いいかえれば，等速円運動の加速度の向きは，元の図1.92(a) の円軌道の中心 O を向いている．
　また，加速度が生じているということは，この物体に加速度と同じ向きの力 $\vec{F}$ が作用しているということである．運動方程式から，その力 $\vec{F}$ の大きさ F は

$$F = ma = m\frac{v^2}{r} \tag{1.54}$$

である．この力は，円軌道の中心を向くので**向心力**という．
　ここまでは，物体の円周に沿った変位で等速円運動を考えてきたが，今度は，物体の回転する角度に注目して考えてみる．物体が円周上を一周するということは，360°回転するということである．ここで，新しい角度「**ラジアン**」を導入する．ラジアンとは，円の半径と円弧の長さの比で表される角度であり，図 1.93(a) において扇形 OAB を考えたとき，$\theta = \dfrac{s}{r}$ で表される．記号は［rad］である．このような角度の測り方を**弧度法**という．これは半径 $r=1$ の単位円で考えるとわかりやすい．一周の角度 360°に相当する円周は 2π であり，半径は 1 であるので，$\theta = \dfrac{s}{r} = \dfrac{2\pi}{1} = 2\pi$ となり，2π rad は 360°に相当する角度となる．90°，60°，45°，30°は，それぞれ $\dfrac{\pi}{2}$ rad，$\dfrac{\pi}{3}$ rad，$\dfrac{\pi}{4}$ rad，$\dfrac{\pi}{6}$ rad である．

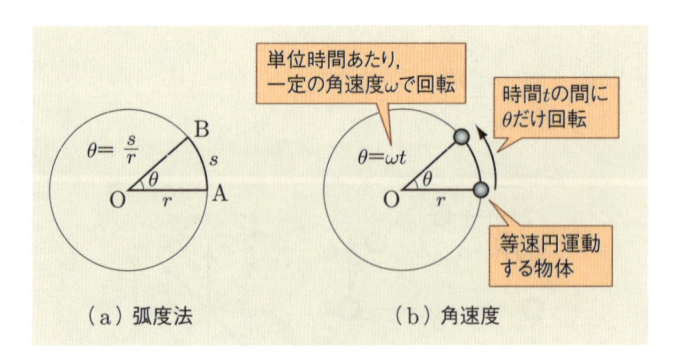

図1.93　弧度法と角速度

　図(b)のように，等速円運動している物体が時間 t の間に θ［rad］だけ回転したとき，単位時間あたりに回転した角度 ω を**角速度**といい，$\omega = \dfrac{\theta}{t}$ で表される．角速度 ω の単位は［rad/s］と書くが，物理量としては，［1/s］の単位である．

1周期 T の間に物体は $\theta = 2\pi$ 回転するから,角速度は $\omega = \dfrac{2\pi}{T}$ とも表せる.角速度 ω を用いて,等速円運動をする物体の速さ v や加速度の大きさ a を表すと,

$$v = \frac{2\pi r}{T} = r\omega \tag{1.55}$$

$$a = \frac{2\pi v}{T} = v\omega = r\omega^2 \tag{1.56}$$

と表せる.また,向心力の大きさ F は,

$$F = ma = mv\omega = mr\omega^2 \tag{1.57}$$

である.

例題 1.31　半径 0.20 m の円周上を質量 0.10 kg の物体が毎秒 2.0 回転している.この物体の運動について,周期 T,角速度 ω,速さ v,加速度の大きさ a,向心力の大きさ F を求めよ.

解答　1 秒間に 2.0 回転しているので,周期 T は 0.50 s である.角速度は,$\omega = \dfrac{2\pi}{T}$ より 13 rad/s,速さは $v = \dfrac{2\pi r}{T}$ より 2.5 m/s,加速度の大きさは $a = \dfrac{v^2}{r}$ より 32 m/s^2,向心力の大きさは $F = ma = m\dfrac{v^2}{r}$ より 3.2 N である.

図 1.94 のように,地球(半径 R,質量 M)の地表面から高さ h の円周上を速さ v で等速円運動する質量 m の人工衛星について考える.等速円運動する人工衛星の向心力は万有引力であるので,万有引力定数を G として,式 (1.13) と式 (1.54) より,

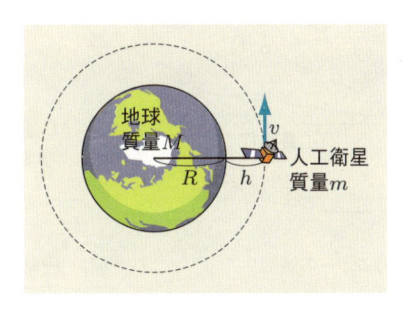

図1.94　人工衛星の運動

$m\dfrac{v^2}{R+h} = G\dfrac{mM}{(R+h)^2}$ である．これより，人工衛星の速さ $v = \sqrt{\dfrac{GM}{R+h}}$ である．
ここで，$h=0$ としたときの速さを**第 1 宇宙速度**といい，その大きさは

$$v = \sqrt{\dfrac{GM}{R}} \tag{1.58}$$

である．これは，地表すれすれに回る人工衛星の速さである．例題 1.8 より，$G = g\dfrac{R^2}{M}$ だから，式 (1.58) は $v = \sqrt{Rg}$ となり，その速さは $v \fallingdotseq 7.9 \times 10^3\,\mathrm{m/s}$ である．

また，この人工衛星の周期 T は，$T = \dfrac{2\pi(R+h)}{v} = 2\pi(R+h)\sqrt{\dfrac{R+h}{GM}}$ であり，h のみで決まる．**静止衛星**は，赤道面上において地球の自転周期と同じ周期で等速円運動している．すなわち，静止衛星の高さ h は決められた高さとなり，その軌道は一つに限られる．

1.6.13 惑星の運動（ケプラーの法則）

水星，金星，地球，火星などの惑星は太陽の周りを回っている．ケプラー（Kepler）は，ティコ・ブラーエ（Tycho Brahe）が長年にわたって観測した結果を整理して，惑星の運動について，以下に示す**ケプラーの法則**を発表した．

> 第 1 法則：惑星の軌道は太陽を一つの焦点とする楕円である．
> 第 2 法則：惑星と太陽とを結ぶ線分が一定時間に通過する面積は一定である．
> 第 3 法則：惑星の公転周期の 2 乗は楕円軌道の長半径の 3 乗に比例する．

図 1.95(a) のように，ある惑星が楕円軌道中の A→B，C→D を同じ時間で運動し

(a) ケプラーの法則　　(b) 円軌道による近似

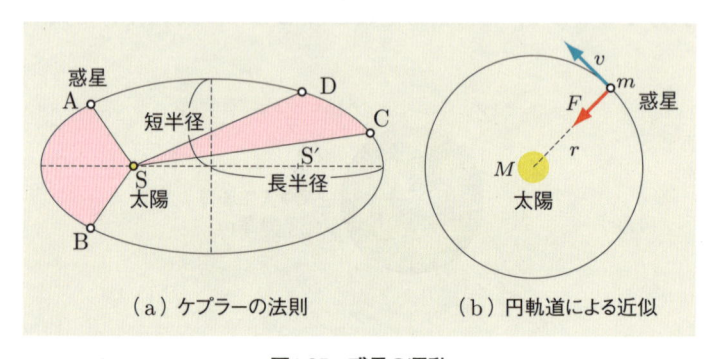

図1.95　惑星の運動

たとすると，第2法則は，面積 SAB と面積 SCD は等しいということである．図中の S, S′ は楕円の焦点であり，太陽はこの焦点の一つ（S）に位置している．

ほとんどの惑星の軌道は，楕円の短半径と長半径の比がほぼ1に等しいので，惑星の軌道は図 (b) のように円と考えてよい．そこで，質量 m の惑星が質量 M の太陽を中心とする半径 r の円周上を速さ v で等速円運動しているとして，万有引力の法則を用いて第3法則を導いてみる．

惑星にはたらく万有引力の大きさは $F = G\dfrac{mM}{r^2}$ である．一方，惑星にはたらく向心力の大きさは，$f = m\dfrac{v^2}{r}$ である．惑星の周期を T とすれば，惑星の速さは，$v = \dfrac{2\pi r}{T}$ であり，向心力の大きさは $f = m\dfrac{1}{r}\left(\dfrac{2\pi r}{T}\right)^2$ と表せる．ここで，$F = f$ だから，$G\dfrac{mM}{r^2} = m\dfrac{1}{r}\left(\dfrac{2\pi r}{T}\right)^2$ となる．これから周期 T を求めると，

$$T^2 = \frac{4\pi^2}{GM}r^3 \tag{1.59}$$

となり，確かに周期 T の2乗が軌道半径 r の3乗に比例することがわかる．表 1.4 に，各惑星の第3法則に関するデータを示す．

表1.4　惑星の軌道長半径と公転周期

惑　星	軌道長半径 （天文単位）	公転周期 （太陽年）	$\dfrac{(公転周期)^2}{(軌道長半径)^3}$
水星	0.3871	0.24085	1.0001
金星	0.7233	0.61521	1.0002
地球	1.0000	1.00004	1.0001
火星	1.5237	1.88089	1.0001
木星	5.2026	11.8622	0.9992
土星	9.5549	29.4578	0.9948
天王星	19.2184	84.0223	0.9946
海王星	30.1104	164.774	0.9946

注1）　天文単位とは太陽-地球間の平均距離のことをいい，1天文単位 =1 AU=1.4960 ×10^{11}m である．

注2）　太陽年とは地球の平均公転周期のことをいい，1太陽年 =365.2422 日である．

1.6.14　単振動

図 1.96(a) のように，ばねに取りつけたおもり（鉛直ばね振り子）の上下運動（往復運動）を時間を追って観測すると，図 (b) のようになる．鉛直方向がばねの伸びと縮みによるおもりの位置の変化を示し，水平方向右向きが運動を始めてからの時間を

(a) 鉛直ばね振り子　　　　　　　　(b) 運動の様子

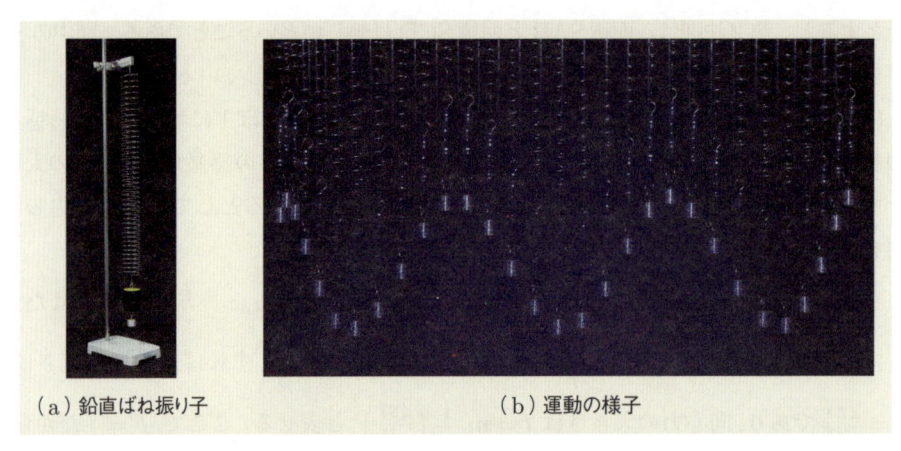

図1.96　単振動

示している．これから，鉛直ばね振り子は周期的な運動であることがわかる．このような運動を**単振動**という．単振動は直線運動であるが，平面運動である等速円運動と対応させるとわかりやすいので，この項で学ぶ．

図1.97のように，平面内で等速円運動している物体Pに一方から光を当てて，その運動の様子をスクリーンに映すと，物体Pの影はスクリーン上で往復運動をしているようにみえる．この往復運動が単振動である．

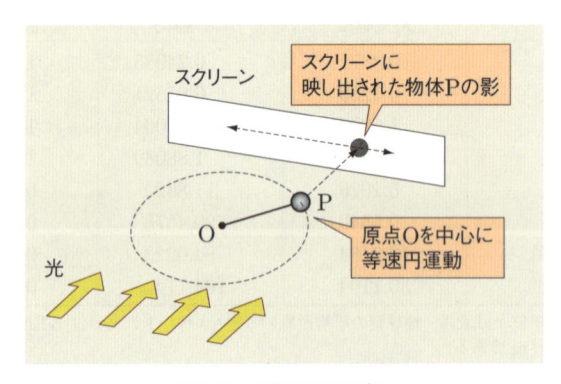

図1.97　単振動のモデル

(1) 単振動の変位

図1.98のように，スクリーンと平行な方向に x 軸をとり，円の中心Oを x 軸上へ投影した点 Q_0 を x 軸の原点とする．いま，物体が半径 A の円周上を反時計回りに時間 t の間に θ だけ回転したとする．よって，この物体は角速度 $\omega = \dfrac{\theta}{t}$ で等速円運

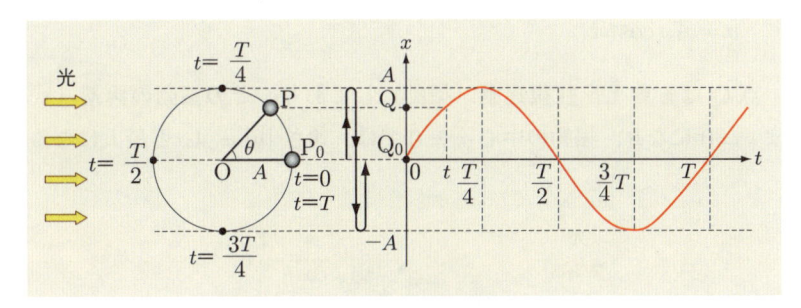

図1.98　単振動の変位

動している．時間 t における物体の位置を P とし，それを x 軸上へ投影した点を Q（x 軸上の位置）とする．ただし，$t=0$ のときの円周上の位置（回転角 $\theta=0$）を P_0 とする．物体が点 P_0 から反時計回りに円周上を一周する間に，スクリーン上の点 Q は x 軸上の原点を中心として，$x=A$ の点と $x=-A$ の点の間を1回振動する．振動の中心からの最大変位 A を単振動の**振幅**という．単振動の周期 T は，等速円運動の周期と等しい．そのため，$T=\dfrac{2\pi}{\omega}$ である．また，1秒間あたりの振動の回数を単振動の**振動数** f といい，

$$f=\frac{1}{T} \tag{1.60}$$

である．振動数の単位 [1/s] を，[Hz] と書いて「**ヘルツ**」とよぶ．

時間 t の間の回転角 θ は ωt であるので，そのときの位置 Q の原点からの変位 x は，

$$x=A\sin\omega t \tag{1.61}$$

と表せる．正弦関数の角度 ωt を時間 t における**位相**という．また，等速円運動で用いられた角速度 ω は，単振動では**角振動数**といわれる．角振動数 ω は，$T=\dfrac{2\pi}{\omega}=\dfrac{1}{f}$ より，次式で表せる．

$$\omega=2\pi f \tag{1.62}$$

(2) 単振動の速度

図1.99のように，等速円運動している物体 P の速さは，半径 A と角速度 ω の積 $A\omega$ であり，その向きは円の接線方向である．x 軸上に投影された点 Q の速度 v は，物体 P の速度の x 成分になるので，

$$v = A\omega \cos \omega t \tag{1.63}$$

となる．点 Q は x 軸上を往復運動（振動）しており，その振動の両端（$x = \pm A$）で速度は $v = 0$ になり，振動の中心 $x = 0$ では，速さ $|v| = A\omega$ と最大になる[†]．

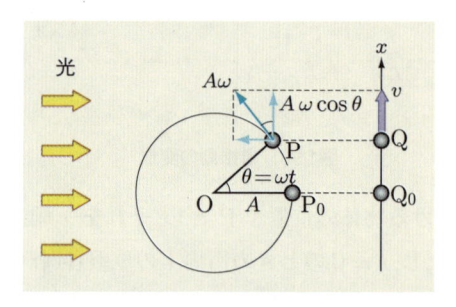

図1.99　単振動の速度

(3) 単振動の加速度

図 1.100 のように，物体 P の加速度の大きさは，半径 A と角速度 ω の 2 乗の積 $A\omega^2$ であり，その向きは円の中心の向きである．x 軸上に投影された点 Q の加速度は，物体 P の加速度の x 成分であるので，

$$a = -A\omega^2 \sin \omega t \tag{1.64}$$

と表される．式 (1.61)，(1.64) より，単振動の変位 x と加速度 a との間には，

$$a = -\omega^2 x \tag{1.65}$$

の関係があることがわかる．これから，単振動の加速度の大きさは変位 x に比例し，

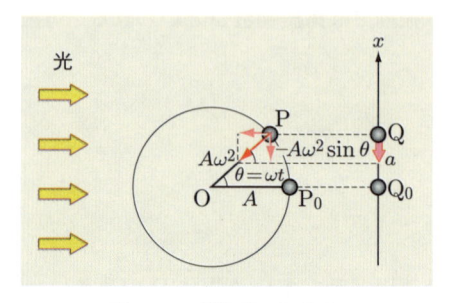

図1.100　単振動の加速度

[†] $x = 0$ では，速度は $v = A\omega$ または $v = -A\omega$ となるため，速さは $|v|$ となる．

その向きは変位 x と逆向きであることがわかる．振動の中心 $x=0$ では $a=0$ になり，振動の両端 ($x=\pm A$) では，加速度の大きさは $|a|=A\omega^2$ と最大になる．

図 1.101 に，単振動における速度 v と加速度 a の時間変化のグラフを示す．

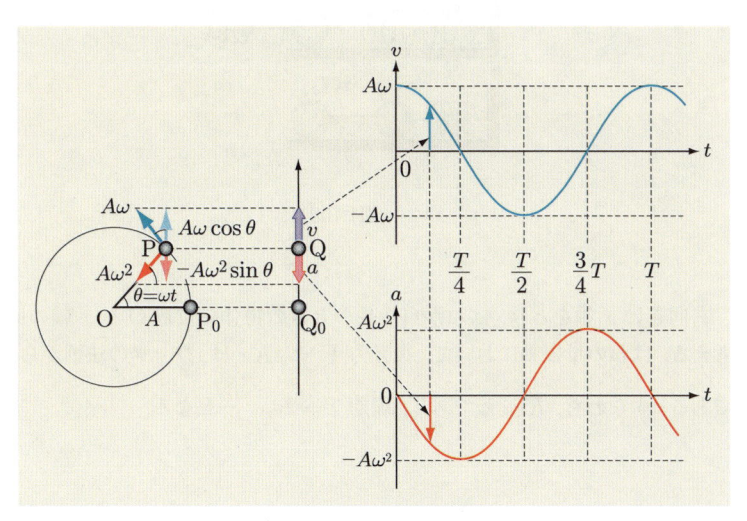

図1.101　単振動の速度 v と加速度 a のグラフ

(4) 単振動の周期

単振動をする質量 m の物体にはたらく力 F は，式 (1.65) と運動方程式 (1.11) より，$F = ma = -m\omega^2 x$ であり，$m\omega^2$ を定数 K とおけば，$F = -Kx$ となる．この力は変位 x に比例する**復元力**である．すなわち，$x=0$ のときは $F=0$ となり，振動の中心では力ははたらいていない．この運動の周期 T は，$K = m\omega^2$ より $\omega = \sqrt{\dfrac{K}{m}}$ なので，

$$T = \frac{2\pi}{\omega} = 2\pi\sqrt{\frac{m}{K}} \tag{1.66}$$

となる．

例題 1.32

単振動の一つの例として，ばねにつながれた物体の振動がある．図 1.102 のように，なめらかな水平面に質量 m の物体がばね定数 k のばねにつながれている．

この物体を，ばねが自然長にある状態から右方向に A だけ引いて手から離すと，物体は左右に振動を始める．この振動の周期を求めよ．

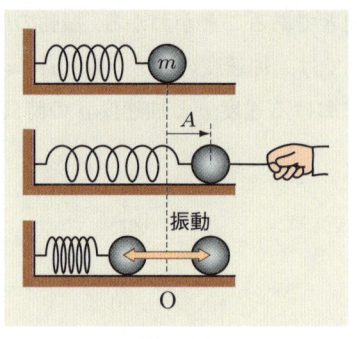

図1.102

> **解答** 右向きに x 軸をとり，ばねが自然長のときの物体の位置 O を x 軸の原点として考える．ばねの単振動において，復元力 $F=-Kx$ は，フックの法則から $F=-kx$ である．すなわち，$K=k$ であり，周期 $T=2\pi\sqrt{\dfrac{m}{k}}$ となる．

1.6.15 単振り子

図 1.103 のように，長さ L の糸の上端を天井に固定して，下端に大きさが無視できる質量 m のおもりをつける．そして，おもりを，糸をたるませないように鉛直線上 O の位置から微小角 θ_0 だけ傾けて振らせる．これを**単振り子**という．おもりにはたらく力は重力 mg と張力 T である．そのうち円弧に沿った運動に寄与するのは，円の接線方向の重力の成分 F である．糸と鉛直線のなす角 θ が増える方向を正の向

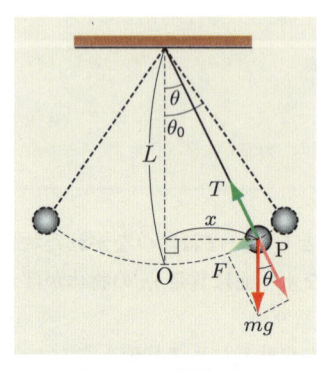

図1.103 単振り子

きとすると，円の接線方向の重力の成分 F は，$F = -mg\sin\theta$ となる．ところで，θ は微小角なので図の $\overset{\frown}{\mathrm{OP}}$ と x の長さは等しいとみなせる．すなわち，おもりは水平運動しているとみなせる．そのとき，$\sin\theta = \dfrac{x}{L}$ であり，$F = -mg\sin\theta = -\dfrac{mg}{L}x$ と書き直せる．この力はつねに中心 O に向かう力（復元力）であり，x に比例している．

一般に，変位 x に比例する復元力 F は，比例定数 K を用いて $F = -Kx$ と表せる．その周期 T は，式 (1.66) より $T = 2\pi\sqrt{\dfrac{m}{K}}$ である．単振り子の場合，比例定数 K が $\dfrac{mg}{L}$ に相当し，周期 T は，

$$T = 2\pi\sqrt{\dfrac{m}{K}} = 2\pi\sqrt{\dfrac{m}{\dfrac{mg}{L}}} = 2\pi\sqrt{\dfrac{L}{g}} \tag{1.67}$$

となる．このことから，単振り子の周期は糸の長さ L だけで決まり，おもりの質量や振幅によらないことがわかる．これを振り子の**等時性**という．

1.6.16 慣性力

物体の運動は，その運動を観測する人によって異なる．図 1.104 のように，止まっている電車内の天井から，質量 m のおもりを軽い糸でつるす．その電車が一直線上で等加速度直線運動を始めると，おもりは図 (a) のように電車の加速方向と逆の方向に鉛直線に対して θ の角度だけ傾いた状態となった．そのおもりの運動の様子を，その電車の外にいる人（観測者 A）と電車の中にいる人（観測者 B）からみたときのそれぞれの場合について考える．

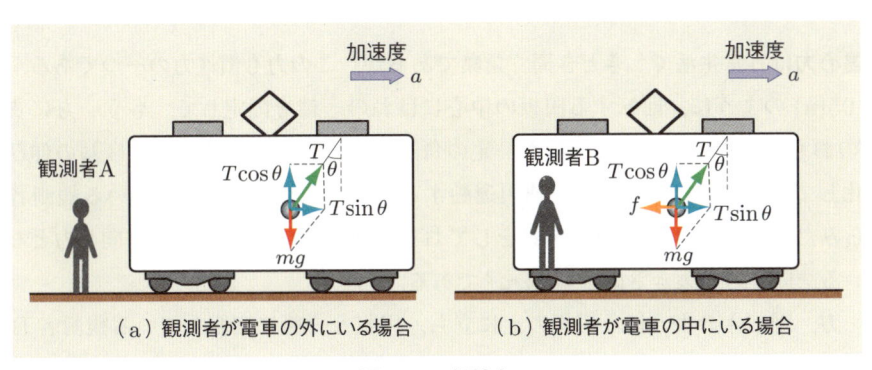

図1.104　慣性力

観測者Aからみたとき，おもりは電車と一緒に水平方向に運動しているようにみえる．一方，観測者Bは電車と同じ速度で運動しているので，観測者Bにはおもりは静止してみえる．

図 (a) において，観測者Aからみたおもりは，水平方向には加速度aで電車と同じ方向に等加速度直線運動をしているので，運動方程式で表すことができ，鉛直方向については静止しているので，糸の張力Tを用いて，力のつり合いの式が書ける．

$$ma = T\sin\theta \quad （水平方向の運動方程式）$$
$$mg = T\cos\theta \quad （鉛直方向の力のつり合いの式）$$

一方，図 (b) において，観測者Bからみたときは，おもりは静止しているので，水平方向も鉛直方向も運動方程式ではなく，力のつり合いの式で表すことになる．しかし，張力と重力の合力はゼロでないことは明らかであり，その合力をゼロにするためには別の力がおもりにはたらかなくてはならない．ここで，その力をfとして，力のつり合いの式を書くと次のようになる．

$$f = T\sin\theta \quad （水平方向の力のつり合いの式）$$
$$mg = T\cos\theta \quad （鉛直方向の力のつり合いの式）$$

水平方向の力のつり合いの式に現れるfを**慣性力**という．このように，おもりと一緒に等加速度直線運動をしている観測者からみると，おもりには重力と張力のほかにもう一つの力fがはたらいているようにみえる．その力は，観測者の加速度の向きと逆向きである．観測者の加速度を$\vec{a}$としたとき，慣性力$\vec{f}$は次式で表せる．

$$\vec{f} = -m\vec{a} \tag{1.68}$$

遠心力は日常生活でときどき聞く言葉であるが，この力も慣性力の一つである．図1.105(a) のように，回転する円板の中心にばねの一端を固定して，もう一方に質量mのおもりをつける．この円板が一定の角速度ωで回転を始めると，ばねの伸びが変化して，おもりは半径rで等速円運動する．その状態を円板の外にいる観測者Aからみた場合，おもりは等速円運動をしており，ばねの力（弾性力）Fが向心力となっている．向心力の大きさは$F = mr\omega^2$である．

一方，図 (b) のように，円板の上に立ち，円板と一緒に回転している観測者Bからみた場合，おもりは静止しており，ばねの力Fとつり合うためのほかの力f'が作用していると考えなければならない．この力f'を遠心力という．遠心力は向心力と

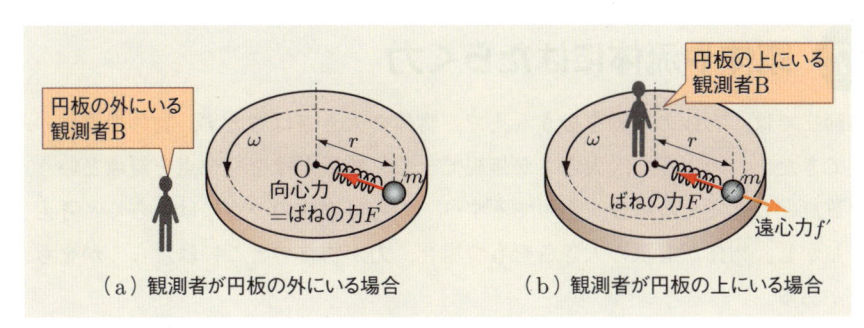

図1.105　遠心力

同じ大きさ $mr\omega^2$ で逆向きである．この場合，外向きに遠心力 $f' = mr\omega^2$ がはたらいているといえる．

> **例題 1.33**
>
> 　一直線上で一定の加速度で走行している電車の中で，質量 m のおもりを軽い糸で天井からつるすと，糸は電車の加速度とは逆の向きに鉛直方向から θ だけ傾いて，おもりが電車に対して静止した．重力加速度の大きさを g として，このとき糸にはたらく張力の大きさ T と電車の加速度の大きさ a を求めよ．

解答

　図1.104 と同様に，観測者が電車の外にいる場合と中にいる場合の2通りで考える．
①電車の外にいる観測者Aからみた場合，水平方向は，運動方程式 $ma = T\sin\theta$ が成り立ち，鉛直方向は，力のつり合いの式 $T\cos\theta = mg$ が成り立つ．よって，この連立方程式を解くことにより，$T = \dfrac{mg}{\cos\theta}$　$a = g\tan\theta$ と求められる．
②電車の中にいる観測者Bからみた場合，おもりには，重力 mg と張力 T のほかに，大きさ ma の慣性力が電車の進行方向とは逆向きにはたらいている．観測者Bからみておもりは静止しているので，力のつり合いを水平方向と鉛直方向で考える．水平方向は $T\sin\theta - ma = 0$，鉛直方向は $T\cos\theta - mg = 0$ である．この連立方程式を解くことにより，$T = \dfrac{mg}{\cos\theta}$, $a = g\tan\theta$ と求められる．

1.7 剛体や流体にはたらく力

前節までは，物体の運動を扱ううえで，物体の大きさは考えず，物体の質量のみを考えてきた．このような，大きさが無視できて，質量だけをもつ点を**質点**という．物体を質点として考える場合，作用するすべての力は物体の一点にはたらくと考えてよい．しかし，物体が有限の大きさをもつ場合，力が物体のどこにはたらくかを考える必要がある．

力がはたらいても変形しない理想的な物体を**剛体**という．質点の場合は，合力がゼロであれば，力がはたらかないことと同じで，静止している物体はそのまま静止し続ける．しかし，剛体では，図1.106のように，力の合力がゼロでも物体が運動（回転）することがある．このような剛体の運動について考えていく．

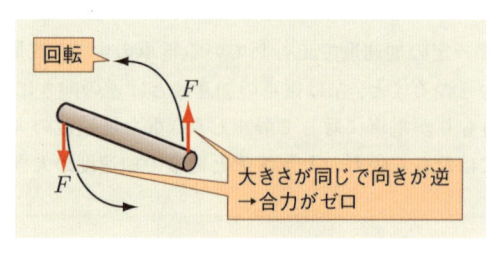

図1.106 剛体の回転

1.7.1 力のモーメント

(1) 剛体にはたらく力

ある軸の周りに剛体を回転させる作用を**力のモーメント**という．力のモーメントはベクトル量である．図1.107(a)のように，平面内にある剛体の点Oを紙面に垂直に通る軸を中心として，この剛体を回転させる場合を考える．点Pに力Fがはた

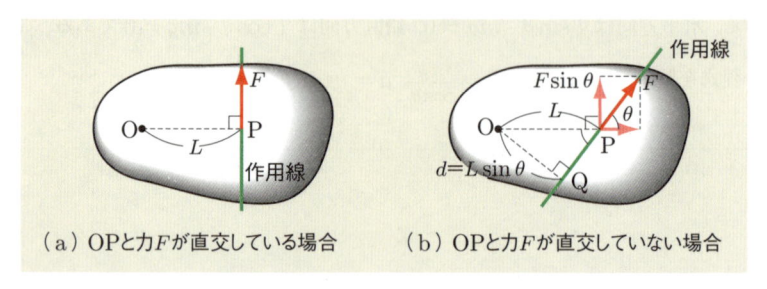

図1.107 剛体にはたらく力と力のモーメント

らいて，その向きが OP（長さ L）と垂直であれば，力のモーメントの大きさ N は，$N = FL$ で表せる．単位は [N·m] である．力のモーメントの向きは，反時計回りに回転させる場合を正の方向（$+FL$），時計回りに回転させる場合を負の方向（$-FL$）とする．

剛体に力がはたらく点 P を力の**作用点**といい，作用点を通り，力の方向に引いた線を力の**作用線**という．剛体にはたらく力の作用点は，作用線上のどこでも等価である．すなわち，点 P で力 F をはたらかせても，作用点を作用線上の別の場所にとって力 F をはたらかせても，力が剛体に及ぼす効果（剛体を回転させる作用）は同じである．

図 (b) のように，力 F の向きが OP と角度 θ をなしている場合は，OP と垂直な方向の力の成分 $F\sin\theta$ だけが回転に寄与する．したがって，力のモーメントは，$N = F\sin\theta \times L = FL\sin\theta$ である．ここで，$N = F \times L\sin\theta$ と考えてみると，$L\sin\theta$ は線分 OQ の長さである．長さ $\overline{\text{OQ}}$ は点 O から力の作用線に下ろした垂線の長さであり，これを力のモーメントの**腕の長さ**といい，d で表す．$d = L\sin\theta$ だから，点 O 周りの力のモーメントの大きさは，

$$N = Fd \tag{1.69}$$

である．

(2) 剛体のつり合いの条件

剛体が向きを変えずに平行に移動する運動を**並進運動**という．剛体の運動では，並進運動と回転運動の二つを考えなければならない．静止している剛体が並進運動しないためには，それに作用している力の合力がゼロでなくてはならない．すなわち，n 個の力がはたらいている場合は，次のようになる．

$$\vec{F}_1 + \vec{F}_2 + \vec{F}_3 + \cdots + \vec{F}_n = 0 \tag{1.70}$$

さらに，剛体がある軸を中心として回転しないためには，その回転軸周りの力のモーメントの和がゼロでなくてはならない．

$$N_1 + N_2 + N_3 + \cdots + N_n = 0 \tag{1.71}$$

例題 1.34 長さ 0.50 m の軽い棒の両端に，それぞれ質量 0.20 kg と 0.30 kg のおもり

がつけられている．この棒を糸でつるして水平に保つには，糸を棒のどの位置につければよいか．重力加速度の大きさを $9.8\,\mathrm{m/s^2}$ とする．また，おもりの大きさは無視できるとする．

解答 図 1.108 のように，棒に糸をつける位置を点 O とする．そのとき，点 O 周りの力のモーメントの和がゼロであればよい．$0.20\,\mathrm{kg}$ のおもりから点 O までの長さを x とすると，$0.30\,\mathrm{kg}$ のおもりから点 O までの長さは $0.50-x\,[\mathrm{m}]$ となる．それぞれのおもりには重力がはたらくので，点 O の周りのそれぞれの力のモーメントを考えると，$0.20\times 9.8\times x - 0.30\times 9.8\times (0.50-x) = 0$ となり，$x = 0.30\,\mathrm{m}$ となる．

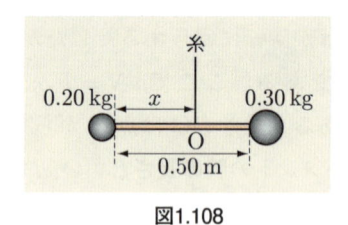

図1.108

例題 1.35

図 1.109 のように，長さ $2.0\,\mathrm{m}$，質量 $1.0\,\mathrm{kg}$ の一様な棒がなめらかな壁に床からの角度 $60°$ で立てかけられている．床と棒の間には静止摩擦力がはたらいている．この棒が壁と床から受ける垂直抗力の大きさ N_1，N_2 を求めよ．重力加速度の大きさを $10\,\mathrm{m/s^2}$ とする．

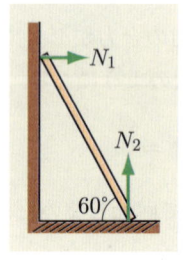

図1.109

解答 棒に作用する力の大きさは図 1.110 のとおりである．棒の重心に作用する重力を W，壁から受ける垂直効力を N_1，床から受ける垂直抗力を N_2，静止摩擦力を f とする．これらの力がつり合うためには，水平方向と鉛直方向の合力がそれぞれゼロ

である必要がある．すなわち，次のようになる，

$$N_1 + (-f) = 0, \quad N_2 + (-W) = 0$$

また，点 O 周りの力のモーメントはゼロであるから，棒の長さを L とすると，

$$W \times \cos 60° \times \frac{L}{2} + (-N_1 \times \sin 60° \times L) = 0$$

である．
　これらの式に $W = 10\,\text{N}$, $L = 2.0\,\text{m}$ を代入して，連立方程式を解くことにより，$N_1 ≒ 2.9\,\text{N}$, $N_2 = 10\,\text{N}$ となる．

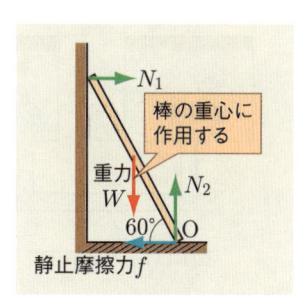

図1.110

1.7.2 流体の性質

　液体と気体は**流体**とよばれる．流体はどのような形の容器に入れられても自由にその形を変えることができる．液体や気体の分子は，ほぼ自由に移動し，流れやすい性質をもっているからである．

(1) 圧　力
　接触する面を垂直に押す単位面積あたりの力を**圧力**という．接触している面積 S，その面を垂直に押す力 F，圧力 P の間には，次のような関係がある．

$$P = \frac{F}{S} \tag{1.72}$$

圧力の単位は［Pa］（**パスカル**）であり，$1\,\text{Pa} = 1\,\text{N/m}^2$ である．

(2) パスカルの原理
　密閉された流体の 1 点に加えられた圧力は，ほかのすべての点に伝わり，すべての面に垂直にはたらく．これを**パスカル（Pascal）の原理**という．この原理を用い

た装置に水圧機や油圧機がある．

図 1.111 に，水圧機の原理を示す．大小二つのピストンがつながった容器の中に水が密閉されている．面積 a の小さいピストンに力 F をかけて押すと，パスカルの原理により圧力 $P = \dfrac{F}{a}$ が各点に伝わり，面積 b の大きなピストンにも圧力 $P = \dfrac{F}{a}$ が伝わる．大きいピストンにはたらく力 F' は圧力 $P \times$ 面積 b なので，$F' = \dfrac{b}{a} F$ となり，小さいピストンに加えた力 F よりも大きな力が得られる．

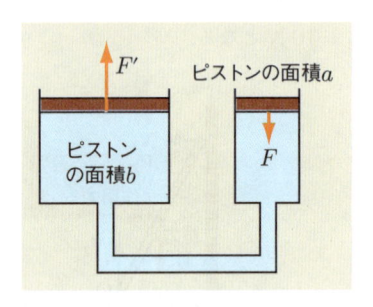

図1.111 水圧機の原理

(3) 高低差による圧力差

静止流体においては，流体の深部ほど圧力が高くなる．図 1.112 のように，静止した密度 ρ の流体の中に断面積 S，高さ h の柱を考え，この下面における圧力 P_2 を求めてみる．流体の柱の上面の圧力は P_1 とする．この流体の柱の鉛直方向にはたらく力は，①上面にはたらく下向きの力 $P_1 S$，②下面にはたらく上向きの力 $P_2 S$ と，③流体の柱にはたらく重力 $mg = \rho S h g$ である．そして，力のつり合いから $P_2 S = P_1 S + \rho S h g$ であり，圧力 P_2 は次式で与えられる．

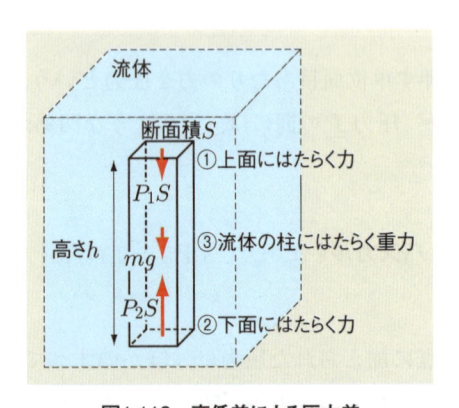

図1.112 高低差による圧力差

$$P_2 = P_1 + \rho h g \tag{1.73}$$

この式から，静止している流体の圧力は深さで決まり，方向にはよらないことがわかる．地表は数百 km にも及ぶ大気の層に覆われている．このために生じている圧力を**大気圧**（気圧）という．標準の大気圧を **1 気圧**または，1 atm といい，1 気圧 $= 1.013 \times 10^5$ Pa である．また，水深と水圧の関係では，10 m 深くなるごとに水圧が 1 気圧ずつ増えていく．

大気圧は**トリチェリ（Torricelli）の実験**によって測定できる．長さ 1 m 程度のガラス管の片側を封じて，もう一方を開放したものを水銀で満たした容器に沈めることにより，ガラス管内は水銀で満たされる．これを，図 1.113 の①から④のようにガラス管を立てていくと，③のようにガラス管内に徐々に空間（真空）が現れる．倒立した④の状態で水銀柱の高さを測ると，液面から 76 cm となる．その後，ガラス管を倒していくと，高さ 76 cm 以下（たとえば②の状態）でガラス管は再び水銀で満たされる．この現象は大気圧によるものであり，ガラス管外の空気（大気）がガラス管内の水銀を 76 cm まで押し上げたのである．水銀柱を 760 mm まで押し上げる大気圧を 760 mmHg または 760 Torr（トール）ともいい，標準の大気圧である 1 気圧に相当する．

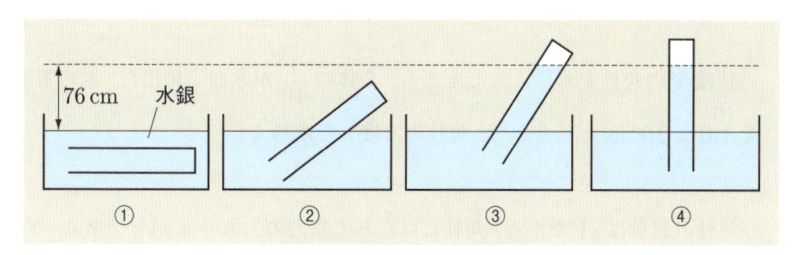

図1.113　トリチェリの実験

(4) 浮　力

鉄の船が水に浮くのは，水中では物体をもち上げる力，**浮力**がはたらいているからである．この浮力は流体中の物体にはたらく圧力によって生じている．

図 1.114 のように，水中の物体が受ける浮力について考える．深さ h のところに底面積 S，高さ L の直方体の物体を考える．この物体の上面と底面が受ける圧力 P_1，P_2 は，大気圧を P_0 として，$P_1 = P_0 + \rho h g$（下向き），$P_2 = P_0 + \rho(h+L)g$（上向き）である．なお，ρ は水の密度である．この直方体の側面から受ける圧力はつり合っているので，物体の上面と底面が受ける力の合力の大きさ F は，$F = P_2 S - P_1 S =$

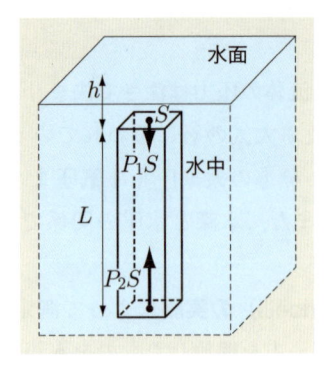

図1.114 浮力

$\rho L S g$ となる.

この物体の体積 V は $V = LS$ であるから,

$$F = \rho V g \tag{1.74}$$

となる．この力は上向きであり，物体を上に押すので浮力となる．この式は，流体中に置かれた物体が受ける浮力は，鉛直上向きで，その大きさは物体と同体積の流体の重さに等しいということを表す．これを**アルキメデス（Archimedes）の原理**という．

> **例題 1.36** 体積 V の角柱を水に入れたところ，全体の $\dfrac{1}{10}$ が水面上に出た．水の密度 ρ_0 を $1.0 \times 10^3 \,\mathrm{kg/m^3}$ として，角柱の密度 ρ を求めよ.

解答 角柱の質量は ρV だから，角柱にはたらく重力の大きさは $\rho V g$ である．アルキメデスの原理より，浮力の大きさは水面下の角柱の体積 $\dfrac{9}{10}V$ と同体積の水の重力の大きさ $\rho_0 \left(\dfrac{9}{10}V\right)g$ に等しい．力のつり合いから，$\rho V g = \dfrac{9}{10}\rho_0 V g$ である．よって，角柱の密度は次のようになる.

$$\rho = \dfrac{9}{10}\rho_0 = \dfrac{9}{10} \times 1.0 \times 10^3 \,\mathrm{kg/m^3} = 9.0 \times 10^2 \,\mathrm{kg/m^3}$$

章末問題

1.1 なめらかな机の上に，質量 m_1, m_2 の物体 1 と 2 が，問図 1.1 のように軽い糸で結ばれて置かれている．物体 2 と質量 m_3 の物体 3 を軽い糸で結んで，図のように軽いなめらかな滑車にかけて引っ張った．三つの物体が運動しているとき，物体 1, 2 を結ぶ糸の張力の大きさを求めよ．ただし，重力加速度の大きさを g とする．

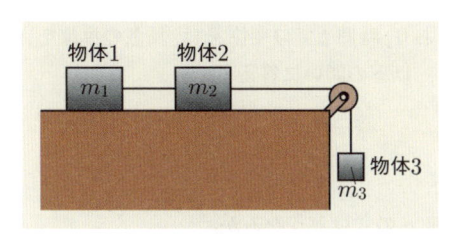

問図1.1

1.2 10 N の力をはたらかせると 0.20 m 伸びるばねがある．次の問いに答えよ．
(1) このばねのばね定数を求めよ．
(2) このばねを 10 cm 伸ばすために必要な力の大きさはいくらか．
(3) このばねを二つ直列につないで，その一端を天井に固定し，もう一端には質量 0.50 kg のおもりをつけた．ばね全体の伸びはいくらか．重力加速度の大きさを 10 m/s^2 とする．

1.3 問図 1.2 のように，鉛直に立てたばねを自然長より x だけ縮めて，質量 m のおもりを載せ手を離した．すると，おもりは最初の位置から h だけ上がって再び落下した．h を求めよ．ただし，重力加速度の大きさを g，ばね定数を k とする．

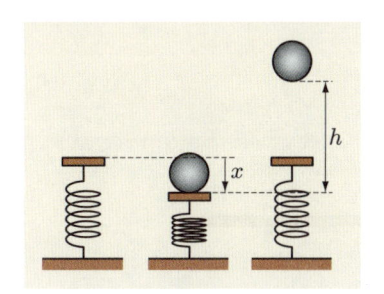

問図1.2

1.4 問図 1.3 のように，同じ大きさで質量の異なる物体 A，B，C がなめらかな床の上で一直線上にある．速さ 10 m/s で動く質量 2.0 kg の物体 A が，静止していた質量 1.0 kg の物体 B に衝突した．物体 A，B 間の反発係数は 0.50 である．衝突後の物体 B の速さを求めよ．さらに，物体 B は，質量 1.0 kg の物体 C に衝突して静止し，物体 C が動き出した．衝突後の物体 C の速さと，物体 B，C 間の反発係数 e を求めよ．

問図1.3

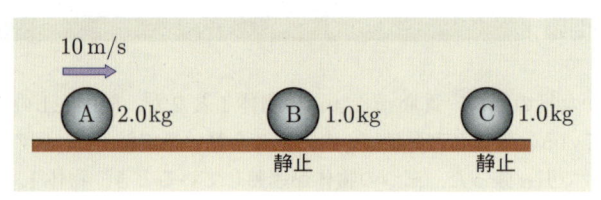

1.5 物体が単振動をしており，時間 t での変位 x は，長さの単位を [m]，時間の単位を [s] とすると，次式で与えられた．以下の問いに答えよ．

$$x = 0.20 \sin 4.0t$$

(1) 振幅 A と周期 T を求めよ．
(2) 時間 t での速度 v と加速度 a の式はどうなるか．
(3) 変位が $x = 0.10$ m のとき，速度 v と加速度 a それぞれの大きさを求めよ．

1.6 問図1.4のように，高さ 14.7 m の場所から物体を斜め上方に投げた．物体の初速度の水平成分は 4.9 m/s，鉛直成分は 9.8 m/s であった．物体が 14.7 m 下の地面に落下するまでの時間 t を求めよ．また，投げた位置から落下点までの水平距離 L を求めよ．ただし，重力加速度の大きさを 9.8 m/s^2 とする．

1.7 問図1.5のように，長さ 2.0 m，質量 1.0 kg の棒がなめらかな壁に立てかけられている．床と棒の間には静止摩擦力がはたらいている．静止摩擦係数を 0.25 とする．床と棒の角度 θ を徐々に小さくしていくと，棒はすべりだす．すべらないためには，$\tan\theta$ の値はいくら以上でなければならないか．

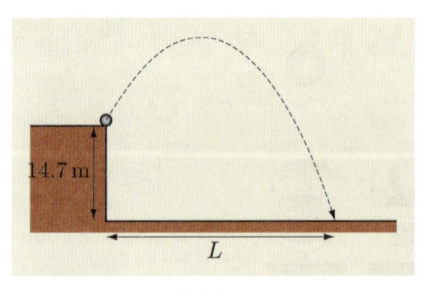

問図1.4

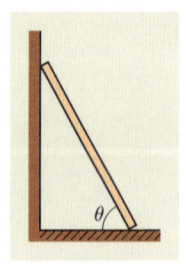

問図1.5

第2章 波　動

私たちの身の周りには，水面を伝わる波やギターの弦を伝わる波など，さまざまな波がある．地震は地球内部を伝わる波であり，音は空気中を伝わる波である．また，携帯電話やテレビの電波も，太陽や白熱電球の光も，電磁波とよばれる波である．

この章では，まず，光が水やガラスの表面で反射や屈折をしながら進んでいく様子を調べる．次に，直線上や平面・空間を波がどのように伝わるかを学習する．そして，光も波特有の性質をもつことを学ぶ．

2.1 光の進み方

光は，太陽や白熱電球などさまざまな光源から放射されている．これらの光は直接目に入るだけでなく，物体で反射したり屈折したりしてから目に入る．ここでは，光がどのように進んでいくか調べよう．

2.1.1 光の速さ

光は瞬間的に伝わるので，長い間，光の伝わる速さは無限大であると考えられていた．科学的に意味のある光の速さの値を初めて算出したのはレーマー（Rømer）である．彼は1676年，木星の衛星であるイオの蝕の観測データを使って，光の速さとして 2.14×10^8 m/s という値を得た．

地上の実験で光の速さの測定に初めて成功したのはフィゾー（Fizeau）である．彼は1849年，回転する歯車と反射鏡を用いて，8.6 km の距離を光が往復する時間を測定し，光の速さとして 3.13×10^8 m/s という値を得た．

真空中における光の速さは，しばしば記号 c で表される．現在では，c は次の値であると定めている．

$$c = 2.99792458 \times 10^8 \text{ m/s}$$

空気中での光の速さは，真空中での光の速さ c とほとんど等しい．つまり，光の速さは毎秒約30万 km であり，1秒間に地球を約7周半回る速さである．

2.1.2　光の反射

空気や水のように光を伝える物質を**媒質**という．光は真空中や一様な媒質中を進むとき直進する．そして，光の進行方向を表す直線を**光線**という．

図 2.1 は，光がガラスの面に当たって反射したときの光線を示す．光の反射面に垂直な線を**法線**という．そして，入射光線と法線とのなす角 i を**入射角**，反射光線と法線とのなす角 j を**反射角**という．入射光線と法線を含む面を**入射面**という．

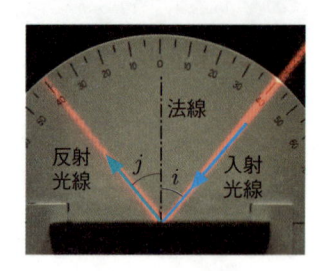

図2.1　光の反射

入射角 i をいろいろ変えて実験すると，反射光線は入射面内にあり，

$$i = j \tag{2.1}$$

が成り立つことがわかる．これを光の**反射の法則**という．

物体を鏡で映すと，もう一つの物体が鏡の向こう側にあるようにみえる．鏡に映ってみえる物体を，元の物体の**像**という．

図 2.2 において，物体の一つの点 P を通る光は鏡で反射して眼に入る．このとき，私たちの眼には，鏡面に対して対称な点 P′ から光が出ているようにみえる．つまり，点 P′ は点 P の像である．図 2.3 の写真は，湖面が鏡の役割をして，大山が逆さに映っ

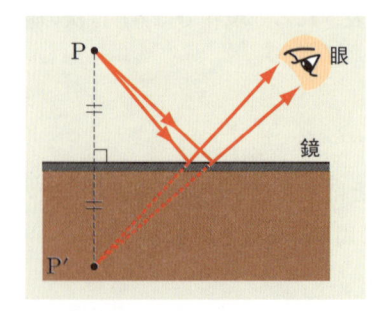

図2.2　鏡面での反射による像

図2.3　湖面に映る逆さ大山（鳥取県）

てみえている．

2.1.3 光の屈折

　水の入ったビーカーの中にガラス棒を立てかけて上からみると，ガラス棒は曲がってみえる．これは，光が水中から空気中に進むとき，光の進む向きが水面で曲がるからである．これを光の**屈折**という．

　図 2.4 のように，異なる二つの媒質の境界面に光が入射すると，光は屈折する．このとき，屈折光線は入射面内にある．屈折光線と法線のなす角 r を**屈折角**という．

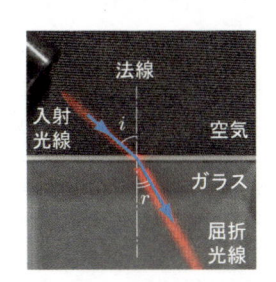

図2.4　ガラス面での光の屈折

　入射角 i と屈折角 r の関係は，1621 年にスネル（Snell）が発見した．図 2.5 は，光が空気中から水やガラスのような物質の中に進む光線を示す．いま，境界面上の点 O を中心とする円を書き，入射光線および屈折光線とこの円の交点をそれぞれ A，B とする．そして，点 A，B から法線に下ろした垂線の足を A′，B′ とする．このとき，長さ $\overline{\mathrm{AA'}}$ と $\overline{\mathrm{BB'}}$ の比は，入射角 i を変えても一定であることが実験からわかる．この一定の値 n を，空気に対するその物質の**屈折率**という．n は物質によって決まる定数である．

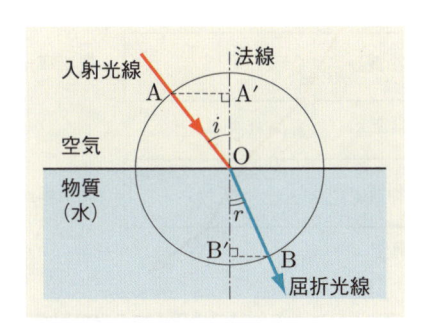

図2.5　光が空気中から水中に入射するときの入射角と屈折角

$$\frac{\overline{AA'}}{\overline{BB'}} = n \quad (\text{入射角 } i \text{ によらず一定}) \tag{2.2}$$

図 2.5 において，$\overline{AA'} = \overline{OA}\sin i$，$\overline{BB'} = \overline{OB}\sin r$，$\overline{OA} = \overline{OB}$ であるから，式 (2.2) より，次の関係が成り立つ．

$$\frac{\sin i}{\sin r} = n \tag{2.3}$$

これを光の**屈折の法則**という．また，発見者にちなんで**スネルの法則**ともいう．

物質の屈折率の値は，光が物質に入射する前の媒質の種類によって異なる．光が真空からある物質に入射したときの屈折率 n を，その物質の**絶対屈折率**または単に屈折率という．空気から物質に入射するときの屈折率は，その物質の絶対屈折率にほぼ等しい．表 2.1 に種々の物質の屈折率を示す．空気の屈折率はほぼ 1 である．

図 2.6 のように，絶対屈折率が n_1，n_2 の二つの物質の平行板が真空中に平行に置

表2.1 種々の物質の屈折率
(ナトリウムの D 線の光に対する値. 2.5.4 項参照)

物質		屈折率
気体 (0℃, 1atm)	空気 ヘリウム 二酸化炭素	1.000292 1.000035 1.000450
液体 (20℃)	水 エチルアルコール パラフィン油	1.3330 1.3618 1.48
固体	クラウンガラス 石英ガラス ダイヤモンド	1.519 1.4585 2.4195

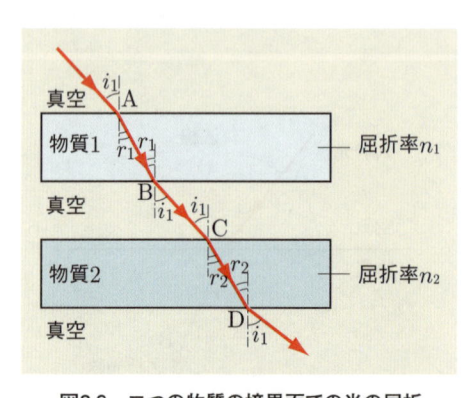

図2.6 二つの物質の境界面での光の屈折

かれている．いま，光が入射角 i_1 で物質 1 に入射すると，物質 2 にも入射角 i_1 で入射する．このとき，点 A での屈折角を r_1，点 C での屈折角を r_2 とすると，屈折の法則から $\dfrac{\sin i_1}{\sin r_1}=n_1,\ \dfrac{\sin i_1}{\sin r_2}=n_2$ である．

次に，物質 1 と物質 2 の平行板を密着させると，光が物質 1 から物質 2 に入射するときの入射角は r_1 であり，屈折角は r_2 である．このとき，$\dfrac{\sin r_1}{\sin r_2}$ を物質 1 に対する物質 2 の**相対屈折率**といって，n_{12} と書く．$\sin r_1=\dfrac{\sin i_1}{n_1},\ \sin r_2=\dfrac{\sin i_1}{n_2}$ であるから，n_{12} は次式で表される．

$$n_{12}=\frac{n_2}{n_1} \tag{2.4}$$

2.1.4 光の全反射

図 2.5 では，光は A→O→B と進んで，空気中から水中に入る．逆に，光が水中の点 B から水面の点 O に進む場合，図 2.7 のように，光は空気中を O→A と進む．このように，光は進んできたときの光路をそのまま逆行することができる．このことを**光線逆進の原理**という．

図 2.7 に屈折の法則を適用すると，$\dfrac{\sin i}{\sin r}=\dfrac{\overline{BB'}}{\overline{AA'}}=\dfrac{1}{n}$ となる．

水の屈折率 n は 1 より大きいから，水中から空気中に光が進むとき，屈折角 r は入射角 i よりも大きい．このように，屈折率の大きい媒質から小さい媒質に光が進む場合，屈折角 r は入射角 i よりも大きくなる．このとき，入射角 i を少しずつ大きくしていくと，屈折角 r はそれにつれて大きくなる．そして，ある入射角 i_c で屈折角

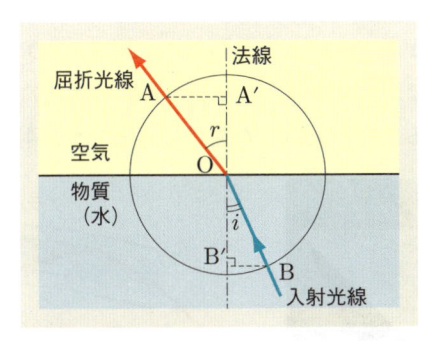

図2.7 光が水中から空気中に入射するときの入射角と屈折角

r が $90°$ になる．この入射角 i_c を**臨界角**という．

$i = i_c$ のとき $r = 90°$ であるから，

$$\sin i_c = \frac{1}{n} \tag{2.5}$$

となる．式 (2.5) と表 2.1 の値より，たとえば，水の臨界角は $48.6°$，クラウンガラスの臨界角は $41.2°$ であることがわかる．

入射角 i が臨界角 i_c よりも大きくなると，屈折光はなくなり，光はすべて反射する．この現象を光の**全反射**という．

図 2.8 は，光が水中から空気中に入射角 $i = 40°$ と $i = 50°$ でそれぞれ進む場合を示している．$i = 40°$ では光は水面で一部反射し，残りは屈折して空気中に出る．それに対して，$i = 50°$ では水の臨界角 i_c よりも大きいので，光は全反射する．

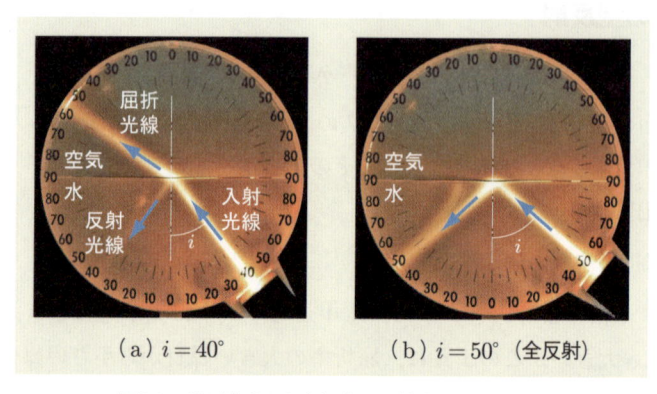

図2.8　光が水中から空気中に入射するときの反射

平行でない平面を二つ以上もつ透明な物体を**プリズム**という．図 2.9 では，ガラス製の直角プリズムで光が全反射している．

光ファイバーは直径が数 μm のガラス繊維で，図 2.10 のように中心部のコアとその外側のクラッドからできている．クラッドの屈折率はコアの屈折率よりもわずかに小さいため，コアにある角度で入射した光は境界面で全反射を繰り返しながら進む．

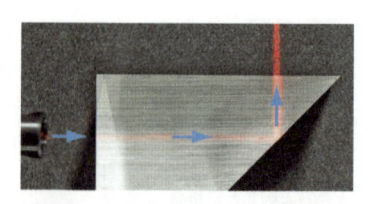

図2.9　直角プリズムでの光の全反射

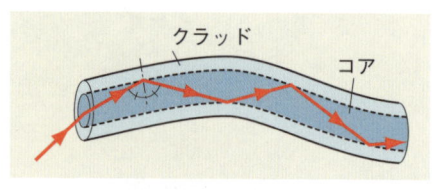

図2.10　光ファイバー

音声や画像の情報を光信号として伝える光通信や内視鏡などは，光ファイバーを多数束ねた光ファイバーケーブルが用いられる．

例題 2.1　空気中からダイヤモンドに 60°の入射角で入射した光の屈折角は何度か．また，ダイヤモンドの内部から光が空気中に出るためには，入射角は何度未満でなければならないか．ダイヤモンドの屈折率は 2.42 である．

解答　図 2.11(a) のように，光が入射角 60°でダイヤモンドに入射するとき，式 (2.3) より，$\dfrac{\sin 60°}{\sin r} = 2.42$ である．これから，$\sin r = 0.358$, よって，屈折角 $r \fallingdotseq 21°$ となる．

図 (b) のように，光がダイヤモンドの内部から臨界角 i_c で入射するとき，式 (2.5) より，$\sin i_c = \dfrac{1}{2.42} = 0.413$，よって，$i_c \fallingdotseq 24°$ となる．したがって，ダイヤモンドの内部から空気中に光が出るためには，入射角が 24°未満でなければならない．このように，ダイヤモンドの臨界角は小さいために，ダイヤモンドの内部に入った光は空気との境界面で何度も全反射をした後に空気中に出てくる．ダイヤモンド独特の輝きはこのためである．

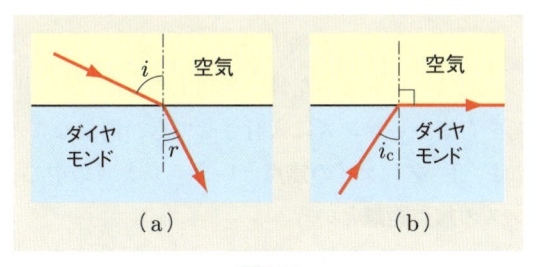

図2.11

2.1.5　レンズ

(1) レンズの焦点

メガネやカメラなどに使われているレンズは，ガラスやプラスチックなどの透明な物体でできており，光の屈折によって光を一点に集めたり，光を広げたりする．

二つの球面でできたレンズには，中央部が周辺部より厚い**凸レンズ**と，周辺部より

薄い凹レンズがある．二つの球面の中心 O_1, O_2 を結ぶ直線をレンズの**光軸**という．光軸に近いところを通る光線を**近軸光線**という．そして，球面の半径をレンズの**曲率半径**という．

図 2.12 において，光軸に平行な光がレンズに入射すると，光は P_1 と P_2 の2点で屈折する．このとき，光がレンズに入射するときの法線は球面の中心 O_1 と点 P_1 を結ぶ直線であり，光がレンズから出るときの法線は球面の中心 O_2 と点 P_2 を結ぶ直線である．そして，入射角と屈折角の間に光の屈折の法則が成り立つ．

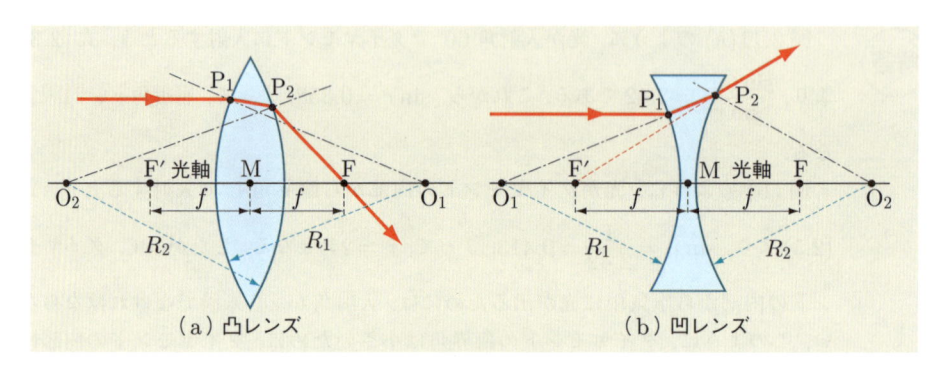

（a）凸レンズ　　　　　（b）凹レンズ

図2.12　レンズ

図 (a) のように，光軸に平行な光を左側から凸レンズに入射させると，レンズで屈折した光は，レンズの右側の光軸上の点 F を通る．また，図 (b) の凹レンズでは，レンズで屈折した光は，レンズの左側の光軸上の点 F′ から出ているかのように進む．光軸に平行な光を右側からレンズに入射させても，同様なことが起こる．

このような点 F, F′ をレンズの**焦点**という．レンズの中心 M から焦点 F, F′ までの距離 f をレンズの**焦点距離**という．

光線逆進の原理から，凸レンズの右側の焦点 F を通ってレンズに入射した光は，レンズを通過した後，光軸に平行に進む．また，凹レンズの左側の焦点 F′ に向かって右側から進んできた光は，レンズを通過した後，光軸に平行に進む．

図 2.13 は，光軸に平行な光線が入射したときのレンズによる屈折の様子を示す．

レンズの厚さが，二つの球面の曲率半径 R_1, R_2 より十分小さいレンズを**薄肉レンズ**という．ここでは近軸光線が薄肉レンズに入射する場合を考える．

屈折率 n の材質でできている薄肉レンズの焦点距離 f は，光の屈折の法則から，次の近似式で与えられる．

(a) 凸レンズ　　　　　　　　　(b) 凹レンズ

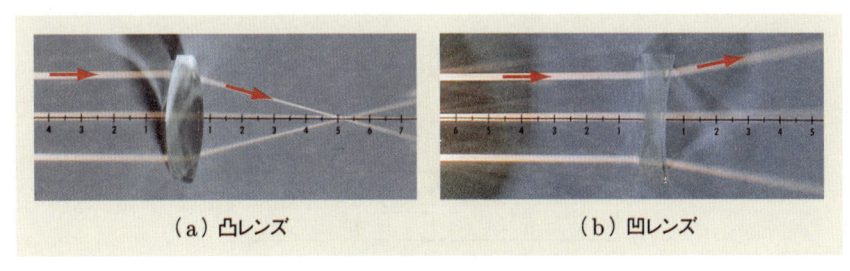

図2.13　光軸に平行な光線のレンズによる屈折

$$\frac{1}{f} = (n-1)\left(\frac{1}{R_1} + \frac{1}{R_2}\right) \tag{2.6}$$

二つの球面の曲率半径がともに R で，屈折率が 1.52 のガラスでできた薄肉レンズの焦点距離 f は，式 (2.6) より $0.96R$ である．

薄肉レンズでは，レンズの中心面上で光線が屈折するように作図してよい．また，レンズの中心を通る光は直進するとしてよい．以後，レンズからみて光が入射する側を「**レンズの前方**」，その反対側を「**レンズの後方**」とよぶことにする．

(2) 凸レンズによる実像

図 2.14 のように，凸レンズの焦点の外側に発光ダイオード（LED）を置いて，レンズの後方のついたてを前後に動かすと，ある位置で LED の上下，左右ともに反転した像（**倒立像**）がついたて上にはっきりと映る．この像は凸レンズを通った光が実際についたて上に集まってできたもので，**実像**という．

図 2.15 のように，凸レンズによってできる物体 AB の像 A′B′ は，次の①，②，③の三つの光線のうちの二つを使って作図することができる．この図では，物体 AB

図2.14　発光ダイオード(LED)の凸レンズによる実像

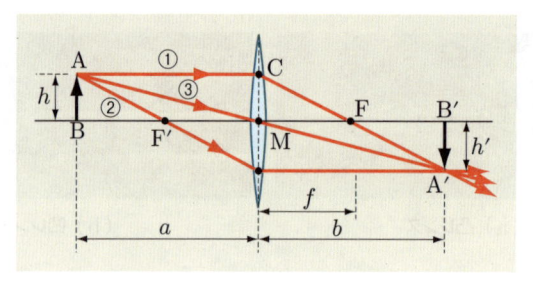

図2.15 凸レンズによる実像の作図

と実像 A′B′ を実線の矢印で表している．

> ①光軸に平行に入射した光は，凸レンズを通過後，焦点 F を通る．
> ②焦点 F′ を通る光は，凸レンズを通過後，光軸に平行に進む．
> ③レンズの中心 M を通る光は，直進する．

図において，レンズの中心 M から物体までの距離を a，レンズの中心 M から像までの距離を b，レンズの焦点距離を f とする．また，物体 AB の高さを h，像 A′B′ の高さを h' とすると，$\dfrac{h'}{h}$ を物体に対する像の**倍率**といって m で表す．△ABM と △A′B′M は相似だから，$\dfrac{\overline{\text{A}'\text{B}'}}{\overline{\text{A}\,\text{B}}} = \dfrac{\overline{\text{B}'\text{M}}}{\overline{\text{B}\,\text{M}}}$ である．そのため，

$$m = \frac{h'}{h} = \frac{b}{a} \tag{2.7}$$

となる．また，△CMF と △A′B′F は相似だから，$\dfrac{\overline{\text{A}'\text{B}'}}{\overline{\text{C}\,\text{M}}} = \dfrac{\overline{\text{FB}'}}{\overline{\text{FM}}}$ である．ここで，$\overline{\text{CM}} = \overline{\text{AB}}$ であるから，$m = \dfrac{h'}{h} = \dfrac{b-f}{f}$ となる．これから，$\dfrac{b}{a} = \dfrac{b-f}{f}$ となる．

よって，a, b, f の間には，次の関係式が成り立つ．

$$\frac{1}{a} + \frac{1}{b} = \frac{1}{f} \tag{2.8}$$

(3) 凸レンズによる虚像

図 2.16 のように，物体 AB が凸レンズの焦点 F′ の内側にあるとき，①と③の光線はレンズを通過後，広がって交わらない．このときレンズの後方からみると，物体 AB があたかも A′B′ の位置にあるかのようにみえる．このような像を**虚像**という．この虚像は物体と同じ向きの像（**正立像**）である．この図では，虚像を破線の矢印で

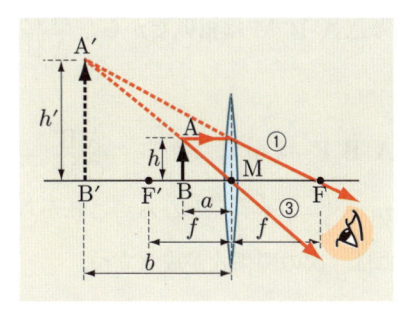

図2.16　凸レンズによる虚像の作図

表している．

　この場合，a, b, f の間の関係は，式 (2.8) で b を $-b$ に置き換えた式で表される．像の倍率は式 (2.7) と同じ式で表される．

　凸レンズである**虫めがね**（ルーペ）で小さい物体をみるときは，物体をレンズの焦点の内側に置く．すると，拡大された正立の虚像がみえる．

(4) 凹レンズによる虚像

　図2.17のように，凹レンズを通して物体 AB をみると，正立の虚像 A′B′ がみえる．凹レンズによる物体 AB の像 A′B′ は，次の ①, ②, ③ の三つの光線のうちの二つを使って作図することができる．

---

① 光軸に平行に入射した光は，凹レンズを通過後，焦点 F′ から出たかのように進む．
② 焦点 F に向かって入射した光は，凹レンズを通過後，光軸に平行に進む．
③ レンズの中心 M を通る光は，直進する．

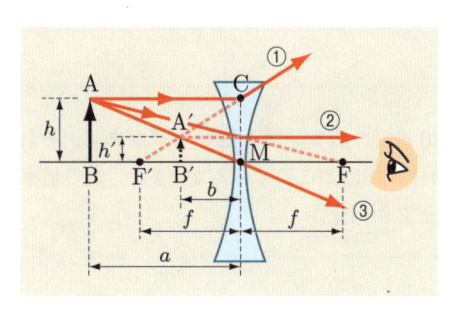

図2.17　凹レンズによる虚像の作図

図において，△ABM と △A′B′M は相似だから，$\dfrac{\overline{A'B'}}{\overline{AB}} = \dfrac{\overline{B'M}}{\overline{BM}}$ である．そのため，$m = \dfrac{h'}{h} = \dfrac{b}{a}$ となる．

また，△CMF′ と △A′B′F′ は相似だから，$\dfrac{\overline{A'B'}}{\overline{CM}} = \dfrac{\overline{F'B'}}{\overline{F'M}}$ である．ここで，$\overline{CM} = \overline{AB}$ であるから，$m = \dfrac{h'}{h} = \dfrac{f-b}{f}$ となる．これから，$\dfrac{b}{a} = \dfrac{f-b}{f}$ となる．

よって，a, b, f の間には，次の関係式が成り立つ．

$$\frac{1}{a} + \frac{1}{-b} = \frac{1}{-f} \tag{2.9}$$

像の倍率は，式 (2.7) と同じ式で表される．

(5) レンズの式

a, b, f の間の関係は，凸レンズによる実像の場合は式 (2.8)，凹レンズによる虚像の場合は式 (2.9) で表されることを学んだ．しかし，凸レンズか凹レンズか，実像か虚像かに関係なく，次のように定めると統一したレンズの式で表すことができる．

> ①レンズの焦点距離 f は，凸レンズのときは $f > 0$, 凹レンズのときは $f < 0$
> ②レンズの中心から像までの距離 b は，像がレンズの後方にあるとき（実像）は $b > 0$, 前方にあるとき（虚像）は $b < 0$
> ③レンズの中心から物体までの距離 a は，物体がレンズの前方にあるときは $a > 0$, 後方にあるとき（**虚物体**という）は $a < 0$

$$\text{レンズの式：} \quad \frac{1}{a} + \frac{1}{b} = \frac{1}{f} \tag{2.10}$$

$$\text{像の倍率：} \quad m = \left| \frac{b}{a} \right| \tag{2.11}$$

例題 2.2 焦点距離が 20 cm の凸レンズと凹レンズがある．それぞれのレンズの前方 30 cm にある物体の像はどこにできるか．また，像の倍率 m はいくらか．像は実像か虚像か．正立か倒立か．

解答 レンズの式 (2.10) より，$\frac{1}{a} + \frac{1}{b} = \frac{1}{f}$ である．これから，$\frac{1}{b} = \frac{1}{f} - \frac{1}{a}$ となる．
(凸レンズの場合) $f = 20$ cm，$a = 30$ cm だから，

$$\frac{1}{b} = \frac{1}{20\,\text{cm}} - \frac{1}{30\,\text{cm}} = \frac{1}{60\,\text{cm}}$$

である．$b = 60$ cm > 0 となり，像の倍率は，式 (2.11) より，

$$m = \left|\frac{b}{a}\right| = \frac{60\,\text{cm}}{30\,\text{cm}} = 2.0$$

となる．よって，<u>凸レンズの後方 60 cm のところに，2.0 倍の倒立実像ができる</u>（図 2.18(a)）．
(凹レンズの場合) $f = -20$ cm，$a = 30$ cm だから，

$$\frac{1}{b} = \frac{1}{-20\,\text{cm}} - \frac{1}{30\,\text{cm}} = \frac{-5}{60\,\text{cm}}$$

となる．$b = -12$ cm < 0 より，

$$m = \left|\frac{b}{a}\right| = \left|\frac{-12\,\text{cm}}{30\,\text{cm}}\right| = 0.40$$

となる．よって，<u>凹レンズの前方 12 cm のところに，0.40 倍の正立虚像ができる</u>（図 2.18(b)）．

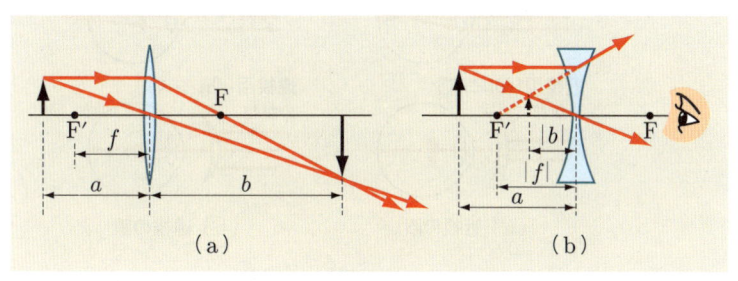

図 2.18

2.1.6 眼と光学機器

(1) 眼の構造

図 2.19 は眼の断面図である．眼はカメラと似ている．網膜はカメラのフィルム（デジタルカメラでは撮像素子）に相当する．虹彩は，瞳孔の開き具合を加減して網膜上の像の明るさを調節するもので，カメラの絞りのはたらきをする．水晶体は，網膜に像を結ばせるための凸レンズのはたらきをするもので，毛様体の筋肉の伸び縮みで厚

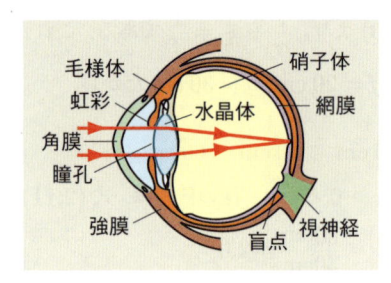

図2.19 眼の断面図

さを調節して，焦点距離を変化させる．

人が眼を近づけて物体をみる場合，長時間疲労を感じないでみることができる最短の距離を**明視の距離**という．正常な眼では，明視の距離 D は約 25 cm である．

図 2.20(a) のように，無限遠の物体をみるとき，網膜の手前で像を結ぶ場合を**近視**，図 (b) のように，網膜の奥で像を結ぶ場合を**遠視**という．そのため，近視の眼では凹レンズのめがねで，また，遠視の眼では凸レンズのめがねで網膜上に像を結ばせる．

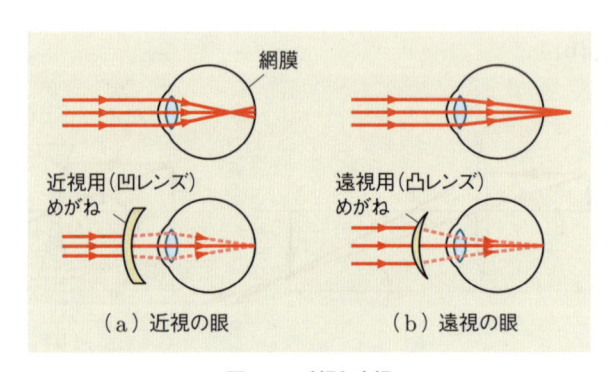

図2.20 近視と遠視

(2) 顕微鏡

図 2.21 に示す顕微鏡は，図 2.22 のように 2 個の凸レンズを使って，微小な物体の像を眼でみえる大きさに拡大する装置である．

物体 AB を対物レンズ L_1 の焦点 F'_1 のすぐ外側に置き，その実像 A′B′ が接眼レンズ L_2 の焦点 F'_2 の少し内側にできるようにする．このとき，接眼レンズをのぞくと，眼から明視の距離 D の位置に，拡大された虚像 A″B″ をみることができる．

顕微鏡のほかに，望遠鏡，双眼鏡，カメラなどの光学機器には，レンズ，鏡，プリズムなどが使われている．

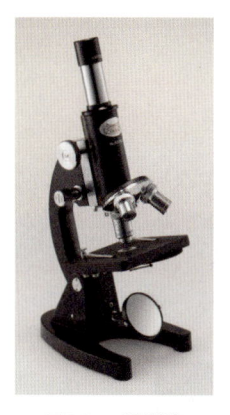

図2.21　顕微鏡

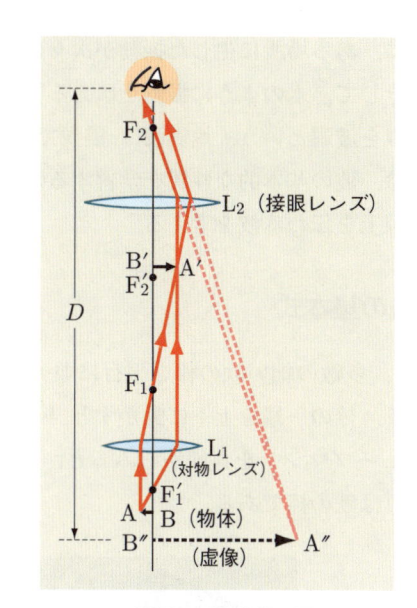

図2.22　顕微鏡の原理

2.2 直線上を伝わる波

2.2.1 波とは

　静かな池の水面に小石を落とすと，小石が落ちた点を中心として周囲に波紋が広がっていく．このとき，水面に浮かんでいる木の葉は，その場所でほぼ上下に揺れるだけで波紋とともに移動することはない．このことから，水面を広がっているのは水そのものではなくて，水の振動であることがわかる．図 2.23 は，水面の一点を振動させたときの様子を示す．

図2.23　水面を伝わる波

このように，ある場所に生じた振動が次々に周りに伝わる現象を**波動**，または単に**波**という．そして，水のように振動を伝える物質を波の**媒質**という．また，最初に振動を始めた点を**波源**という．地震波は，震源で発生した振動が岩盤を伝わる波である．

この節では，波の基本的な性質を学習するために，まずはギターの弦を伝わる波のように，直線上を伝わる波を考える．

2.2.2 波の基本式

図2.24は，多数の細い鉄の棒を平行に並べて板ばねにつないだ装置で，**ウェーブマシン**という．棒の一端を上下に動かすと，板ばねがねじれて隣の棒に振動が伝わる．このときウェーブマシンを真横からみると，波が直線上を伝わる様子がよくわかる．この波の媒質は鉄の棒である．

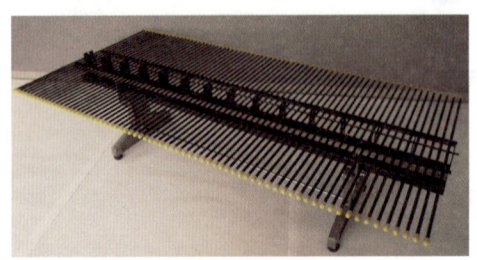

図2.24 ウェーブマシン

媒質の基準の位置（ウェーブマシンでは棒のつり合いの位置）からのずれを波の**変位**という．そして，波の媒質の各点を連ねてできる曲線を**波形**という．波形のもっとも高いところを波の**山**，もっとも低いところを波の**谷**という．

図2.25(a)のように，ウェーブマシンの左端の棒をもち上げて，再び元の位置に戻すと，山が一つの波ができる．これを**山波**という．また，図(b)のように，棒を押し下げて，再び元の位置に戻すと，谷が一つの波ができる．これを**谷波**という．山波や

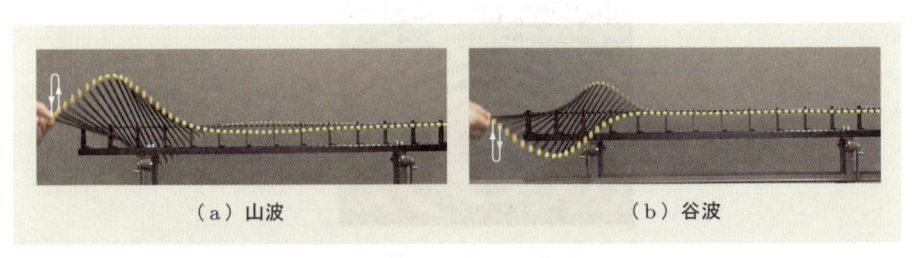

（a）山波　　　　　　　　　　　　（b）谷波

図2.25 ウェーブマシンによる山波と谷波

谷波のように孤立した波を**パルス波**という.

図 2.26 は，ウェーブマシンの左端の棒 P_0 をもち上げてから元の位置に戻し，さらに続けて棒を同じ幅だけ押し下げて，再び元の位置に戻したときの波形である．図の⓪→①→②の振動で山波ができて，その後，②→③→④の振動で谷波ができる．このとき，振動は点 P_2 まで伝わる．図の $P_0 P_2$ 間の距離を**波長**といい，λ で表す．

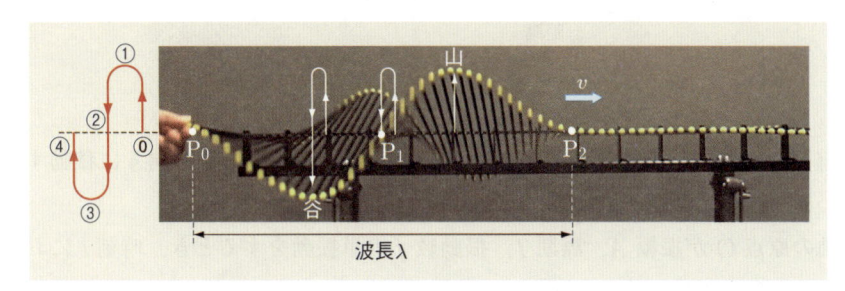

図2.26　ウェーブマシンの端を1回振動させた後の波

媒質の 1 点が 1 回振動するのに要する時間を波の**周期**といい，T で表す．また，媒質の 1 点が 1 秒間あたり振動する回数を**振動数**といい，f で表す．振動数の単位［1/s］を SI 単位では**ヘルツ**といい，［Hz］と書く．振動数 f と周期 T の間には，次の関係がある．

$$f = \frac{1}{T} \tag{2.12}$$

図 2.26 から，波は 1 周期の時間に 1 波長の距離だけ進むことがわかる．このことから，波の伝わる**速さ** v は，式 (2.12) を用いると次式で表される．

$$v = \frac{\lambda}{T} = f\lambda \tag{2.13}$$

式 (2.13) は媒質を伝わるあらゆる波について成り立つので，**波の基本式**という．

2.2.3　正弦波

ウェーブマシンの左端の棒を連続して単振動させると，振動が右向きに次々に伝わる．このときの波形は**正弦曲線**であるので，この波を**正弦波**という．

図 2.27 は，ウェーブマシンの左端を x 軸の原点 O にとり，正弦波の変位を y 軸にとっている．図の実線の曲線は，ある時刻 t での波形である．隣り合う山と山，または谷と谷の間の距離が波長 λ である．図の破線の曲線は，その時刻 t からわずかな

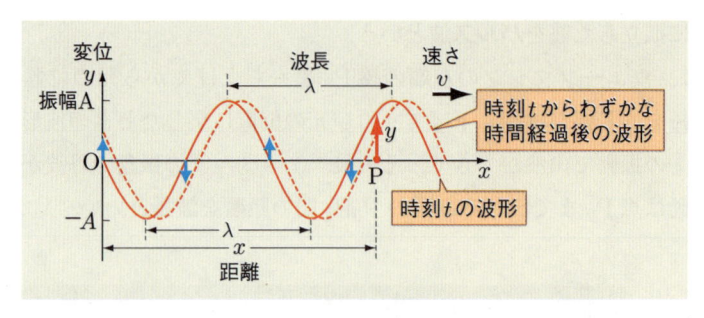

図2.27 正弦波の波形

時間経過した後の波形である．図より，波の山や谷が x 軸の正の向きに移動することがわかる．

x 軸の原点 O が振幅 A，周期 T，振動数 f の単振動をするとき，時刻 t における x 軸の原点 O での単振動の変位 y_0 は，次式で表せることを 1.6.14 項で学んだ．ここで，周期 T と振動数 f の間には式 (2.12) の関係がある．

$$y_0 = A \sin \frac{2\pi}{T} t = A \sin 2\pi f t \tag{2.14}$$

この単振動が x 軸の正の向きに速さ v で伝わるとき，x 軸の原点 O から x の距離だけ離れた点 P における正弦波の変位 y を求めよう．

x 軸の原点 O の振動が点 P に伝わるのに $\frac{x}{v}$ の時間がかかるから，点 P はいつも原点 O より $\frac{x}{v}$ の時間だけ遅れて原点 O と同じ変位になる．つまり，時刻 t における点 P の変位 y は，時刻 $\left(t - \frac{x}{v}\right)$ における原点 O の変位 y_0 に等しい．したがって，式 (2.14) と式 (2.13) を用いると次式となる．

$$y = A \sin \frac{2\pi}{T} \left\{ \left(t - \frac{x}{v}\right) \right\} = A \sin \left\{ 2\pi \left(ft - \frac{x}{\lambda} \right) \right\} \tag{2.15}$$

一般に，x 軸の正の向きに伝わる正弦波の変位は次式で表される．

$$y = A \sin \left\{ \frac{2\pi}{T} \left(t - \frac{x}{v} \right) + \alpha \right\} \tag{2.16}$$

式 (2.16) で $\left\{ \frac{2\pi}{T} \left(t - \frac{x}{v} \right) + \alpha \right\}$ を波の**位相**という．位相は媒質の振動の状態を表す．そして，$t = 0$，$x = 0$ における位相 α を波の**初期位相**という．

また，正弦波が x 軸の負の向きに伝わるとき，点 P は x 軸の原点 O よりも $\frac{x}{v}$ の時

間だけ早く波が到達するから，点 P における正弦波の変位 y は次式で表される．

$$y = A \sin\left\{\frac{2\pi}{T}\left(t + \frac{x}{v}\right) + \alpha\right\} \tag{2.17}$$

このように，x 軸上を伝わる正弦波の変位 y は，位置 x と時刻 t の関数で表される．

例題 2.3

図 2.28 は x 軸の正の向きに伝わる正弦波である．この波が実線の波形から初めて破線の波形になるまでに 0.10 秒かかった．この波の振幅 A，波長 λ，速さ v，振動数 f，周期 T をそれぞれ求めよ．

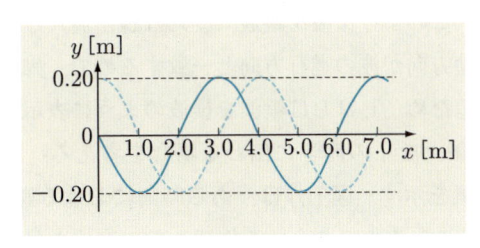

図2.28

解答

図より，振幅 $A = 0.20\,\text{m}$，波長 $\lambda = 4.0\,\text{m}$ である．0.10 s の間に波は 1.0 m 伝わるから，波の速さは $v = \dfrac{1.0\,\text{m}}{0.10\,\text{s}} = 10\,\text{m/s}$ である．

波の基本式 (2.13) から，振動数は $f = \dfrac{v}{\lambda} = \dfrac{10\,\text{m/s}}{4.0\,\text{m}} = 2.5\,\text{Hz}$ である．

また，式 (2.12) から，周期は $T = \dfrac{1}{f} = \dfrac{1}{2.5\,\text{Hz}} = 0.40\,\text{s}$ である．

例題 2.4

時刻 $t\,[\text{s}]$，位置 $x\,[\text{m}]$ における正弦波の変位 $y\,[\text{m}]$ が次式で表されるとき，波の振幅，周期，波長，振動数，速さ，初期位相をそれぞれ求めよ．

$$y = 0.4 \sin\{\pi(10t - 2x + 1)\}$$

解答

振幅を $A\,[\text{m}]$，周期を $T\,[\text{s}]$，波長を $\lambda\,[\text{m}]$，振動数を $f\,[\text{Hz}]$，速さを $v\,[\text{m/s}]$，初期位相を α とする．この正弦波は x 軸の正の向きに伝わるから，式 (2.16) と比較すると，$A = 0.4$，$T = 0.2$，$\lambda = 1$，$f = 5$，$v = 5$，$\alpha = \pi$ となる．したがって，振幅 $0.4\,\text{m}$，周期 $0.2\,\text{s}$，波長 $1\,\text{m}$，振動数 $5\,\text{Hz}$，速さ $5\,\text{m/s}$，初期位相 $\pi\,\text{rad}$

となる．

2.2.4 横波と縦波

ウェーブマシンの端を振動させてできる波は，媒質の振動方向と波の進行方向が垂直である．このような波を**横波**という．

一方，つる巻きばねの一端を手でもってばねの方向に振動させると，ばねの間隔が広がった**疎**な部分とばねの間隔が狭まった**密**な部分が交互に生じて，ばねに沿って振動が伝わっていく．このような波を**縦波**（または**疎密波**）という．

縦波は媒質の振動方向が波の進行方向と一致するので，媒質の各点の振動の様子がわかりにくい．そのため，しばしば縦波を横波のように表示する．

いま，縦波が x 軸上を正の向きに伝わる場合を考える．図 2.29(a) は，媒質の各点のつり合いの位置を示す．図 (b) は，ある時刻における媒質の各点の位置を示す．また，図 (c) は，そのときのつり合いの位置からの変位を矢印で示す．このとき，つり合いの位置からの変位が x 軸の正の向きのときは y 軸の正の向きに，変位が x 軸の負の向きのときは y 軸の負の向きに変位をとることにする．

図 (d) は，このようにして縦波を横波として描いたときの波形である．この波形から，媒質がもっとも疎な部分は波の変位 y が負から正に変化する点であり，もっとも密な部分は波の変位 y が正から負に変化する点であることがわかる．

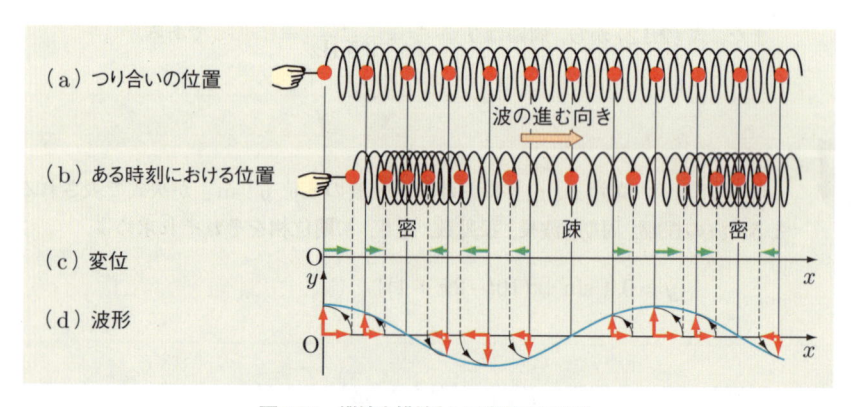

図2.29 縦波を横波として表示する方法

2.2.5 直線上を伝わる波の重ね合わせ

直線上で互いに逆向きに進む二つのパルス波がぶつかると，どのようになるだろうか．図 2.30(a) は，ウェーブマシンの両端で山波を発生させ，それらが互いに逆向きに進むときの様子を示す．この図から，二つの山波が重なると波が強め合うことがわかる．また，図 (b) は，両端で振幅が等しい山波と谷波を発生させたときの様子を示す．この図から，山波と谷波が重なって波は一瞬打ち消し合うことがわかる．

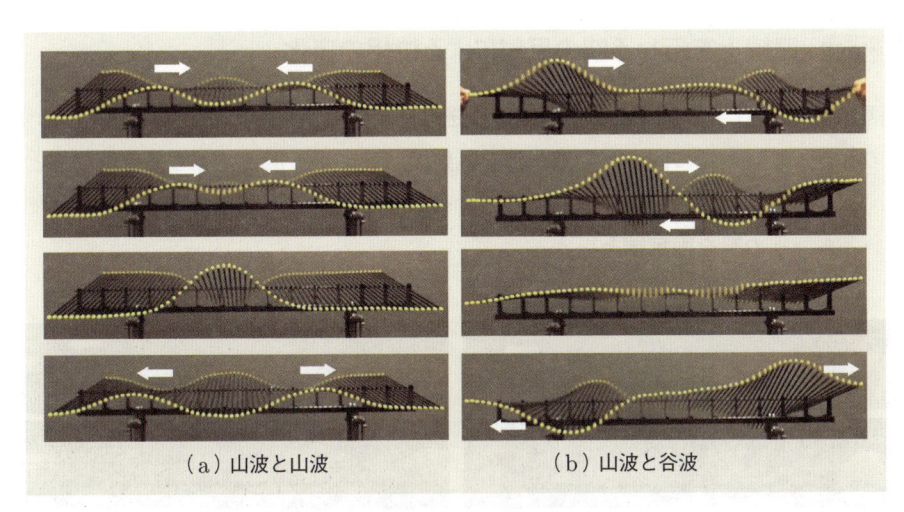

（a）山波と山波　　（b）山波と谷波

図2.30　波の重ね合わせと独立性

このように，二つの波が重なると，波は強め合ったり弱め合ったりする．この現象を波の**干渉**という．また，二つの波が重なり合ってできる波を**合成波**という．私たちが実際に観察できるのは合成波である．

図 2.31 のように，二つの波が単独に存在するときの変位がそれぞれ y_1, y_2 であるとき，それらの波が重なりあってできる合成波の変位 y は，次式で表される．

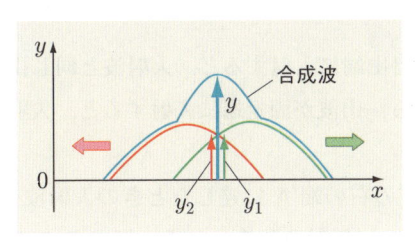

図2.31　波の重ね合わせの原理

$$y = y_1 + y_2 \tag{2.18}$$

これを**波の重ねあわせの原理**という．

図 2.30 からわかるように，二つの波は互いに逆向きに進み，やがて重なり合って波形が変化するが，そのうち重なる前と同じ波形の波が現れる．このように，二つの波がぶつかっても，その後は互いにほかの波の影響を受けずに伝わっていく．この性質を波の**独立性**という．

2.2.6 直線上を伝わる波の反射による位相の変化

図 2.32 は，ウェーブマシンの左端から送られた山波が右端で反射する様子を示す．このとき，媒質の端に向かって進む波を**入射波**，そこから戻ってくる波を**反射波**という．また，媒質の端が自由に振れるとき，その端を**自由端**，固定されていて振動できないとき，その端を**固定端**という．

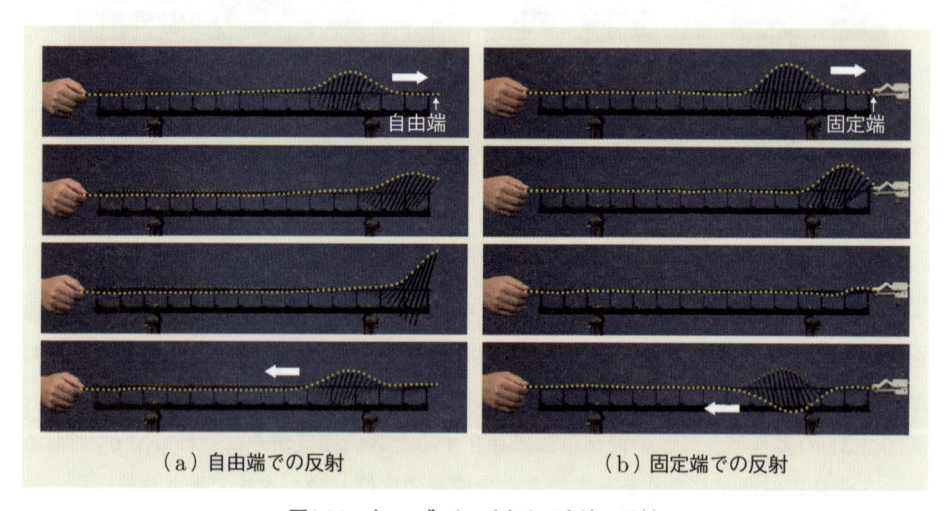

（a）自由端での反射　　（b）固定端での反射

図2.32　ウェーブマシンを伝わる山波の反射

図 (a) から，山波が自由端に入射すると，入射波と同じ山波が反射されることがわかる．また，図 (b) から，山波が固定端に入射すると，入射波と逆の変位の谷波が反射されることがわかる．

図 2.33 は，山波が媒質の右の端 A に達したときの入射波と反射波の関係を示す．端 A に達した入射波は次々に反射される．いま，仮に端 A の右側にも媒質が続いているとしよう．このとき，端 A が自由端の場合（図 (a)），端 A の右側の波を y 軸に

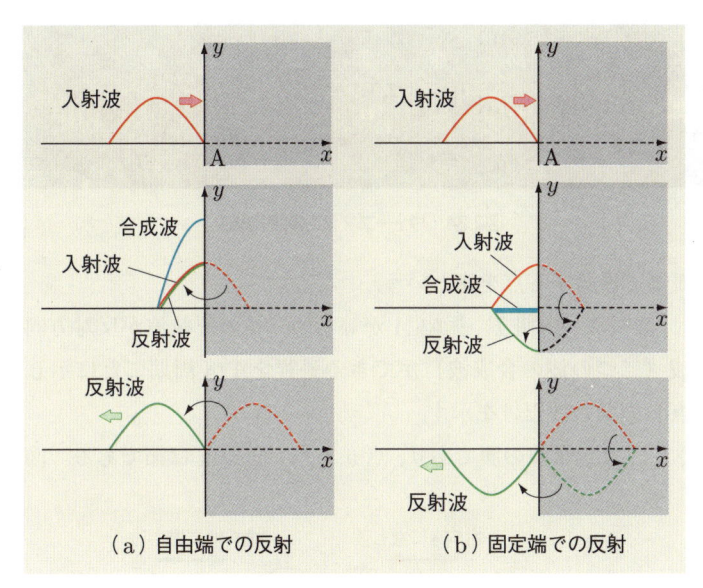

図2.33　入射波と反射波の関係

について180°折り返すと，それが反射波になる．これに対して，端 A が固定端の場合（図(b)），端 A の変位はつねにゼロである．そのため，端 A の右側の波をまず x 軸について折り返し，それをさらに y 軸について折り返すと，それが反射波になる．入射波と反射波が重なるところでは，それらの合成波が実際に観察される波である．

入射波が正弦波のときも，パルス波の反射と同じである．すなわち，正弦波の山が媒質の端に入射すると，自由端の場合は同じ山が反射され，固定端の場合は谷に変わって反射される．

正弦波の隣り合う山と谷の位相の差は $\pi\,\mathrm{rad}$ であるので，固定端では反射波の位相は入射波に比べて $\pi\,\mathrm{rad}$ だけ変化する．これに対して，自由端では反射波の位相は入射波と変わらない．

2.2.7　定常波

ウェーブマシンの一端を連続的に単振動させると，正弦波が他端に向かって進んでいき，やがて他端で反射する．そして，振幅，振動数，波長が等しく互いに逆向きに進む二つの正弦波が重なり合う．このとき振動数を調節すると，図2.34のように，右にも左にも進まない波が観察できる．このような波を**定常波**という．これに対して，ある方向に進む波を**進行波**という．定常波において，まったく振動しない点を**節**，もっ

図2.34 ウェーブマシンの定常波

とも大きな振幅で振動する点を**腹**という．

図 2.35 は，波長 λ，周期 T，振幅 A が等しい二つの正弦波が反対方向から進んできて，定常波（二つの波の合成波）ができる過程を 1/4 周期ごとに示している．図では点 a と点 k の間の波だけを示す．

点 b, d, f, h, j は定常波の腹であり，点 a, c, e, g, i, k は節である．図2.35 から，

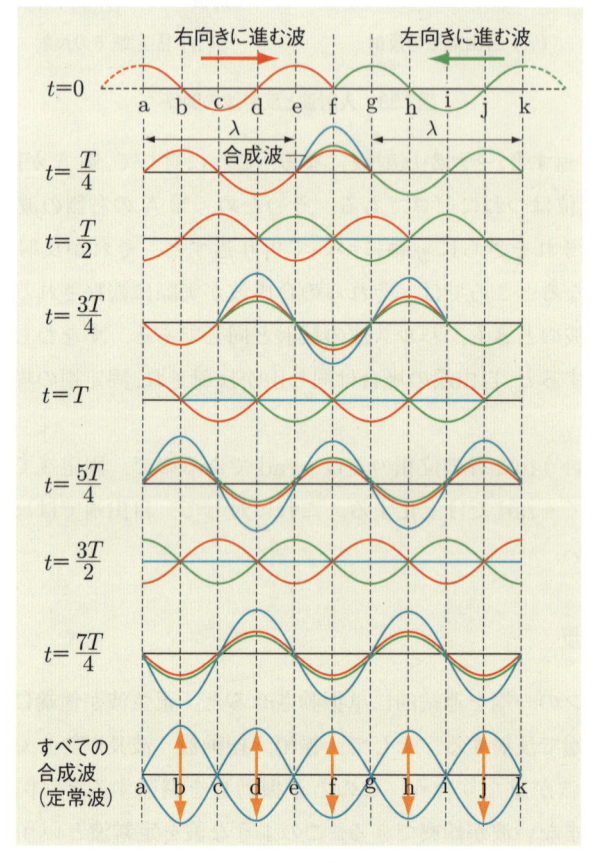

図2.35 定常波

定常波の隣り合う腹と腹，節と節の間隔は，進行波の波長 λ の半分であることがわかる．また，定常波の波長と振動数（周期）は，進行波の波長 λ と振動数 f（周期 T）に等しいことがわかる．このことから，波の基本式 (2.13) より，定常波を作る進行波の速さ v を求めることができる．定常波の振幅は，進行波の振幅 A の 2 倍となる．

2.3 平面・空間を伝わる波

2.3.1 波面とホイヘンスの原理

　図 2.36(a) のように，水面上の 1 点が振動すると，その点を中心にして周囲に波紋が広がっていく．このときみえる円形の波紋は，波の山を連ねた曲線である．このように，波が平面を伝わるとき，波の位相が等しい点を連続的につないでできる直線または曲線を**波面**（はめん）という．波が空間を伝わるとき，波面は平面または曲面である．

　平面を伝わる波において，図 2.37(a) のように波面が直線である波を**直線波**，図 2.36(a) のように波面が円である波を**円形波**という．また，空間を伝わる波において，波面が平面である波を**平面波**，波面が球面である波を**球面波**という．一般に，直線波を含めて平面波，円形波を含めて球面波ということがある．

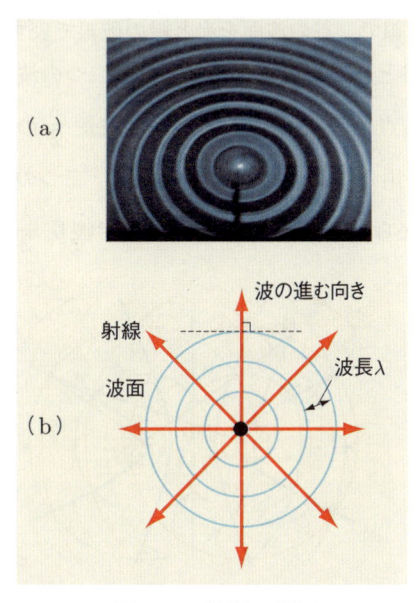

図2.36　円形波の波面

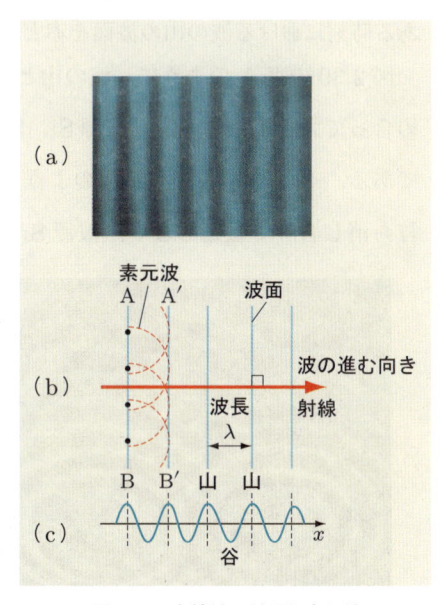

図2.37　直線波の波面と素元波

図2.36(b) に円形波の波面，図2.37(b) に直線波の波面をそれぞれ示す．これらの図から，波の進む向きは波面に垂直であることがわかる．波の進む向きを示す矢印を **射線** という．ホイヘンス（Huygens）は，波が平面や空間を伝わるときの伝わり方について，次のように説明した．

図2.37(b) のように，波面 AB 上の各点を波源とする無数の球面波が発生する．この球面波を **素元波**（そげんは）という．ある時刻の波面から出た素元波に共通に接する曲線または曲面（**包絡面**）が，新しい時刻の波面 A′ B′ になる．これを **ホイヘンスの原理** という．

ホイヘンスの原理によると，波が一様な媒質中を伝わるとき，平面波（直線波を含む）は平面波のままで，球面波（円形波を含む）は球面波のままで伝わることがわかる．また，後で学習する波の回折や反射，屈折の現象は，ホイヘンスの原理を用いると統一して説明することができる．

2.3.2 平面・空間を伝わる波の干渉

2.2.5 項で学んだように，直線上を伝わる二つの波が重なると，波は強め合ったり弱め合ったりする．平面や空間を伝わる波も，重なり合うと同じように干渉する．

図2.38 は，水面上の二つの点 S_1，S_2 を波源として，振動数，波長，振幅が等しい波を同時に発生させたとき，二つの円形波が重なり合う様子を示している．図2.39 は，ある時刻における波の山の波面を赤と緑の実線で，谷の波面を赤と緑の破線で表す．

図2.39 の点 A のように，波の山と山，谷と谷が重なり合う点では，二つの波は強め合って大きく振動する．波源 S_1，S_2 から点 A までの距離の差は半波長 $\frac{\lambda}{2}$ の 4 倍である．それに対して，点 B のように波の山と谷が重なり合う点では，二つの波は打ち消し合って振動しない．波源 S_1，S_2 から点 B までの距離の差は半波長 $\frac{\lambda}{2}$ の 3

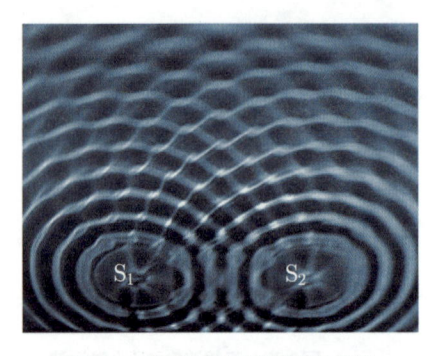

図2.38　水面を伝わる円形波の干渉

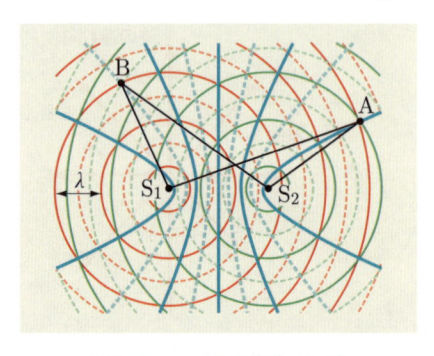

図2.39　二つの円形波の干渉

倍である.

このように，二つの波源 S_1，S_2 から同位相の波を送り出したとき，ある点Pで波が強め合うか弱め合うかは，波源 S_1，S_2 から点Pまでの距離の差と波長で決まる．次の二つの式は**波の干渉条件**を表す．

$$\text{点Pは強め合う：} \quad |\overline{S_1P} - \overline{S_2P}| = m\lambda = 2m \cdot \frac{\lambda}{2} \qquad (2.19)$$

$$\text{点Pは弱め合う：} \quad |\overline{S_1P} - \overline{S_2P}| = \left(m + \frac{1}{2}\right)\lambda = (2m+1) \cdot \frac{\lambda}{2} \qquad (2.20)$$

$$(m = 0, 1, 2, \cdots)$$

図 2.39 の青の実線は式 (2.19) を満たす点をつないでできる曲線であり，青の破線は式 (2.20) を満たす点をつないでできる曲線である．

2.3.3 波の回折

水面を伝わる波がすき間（スリット）のある壁に当たると，すき間を通り抜けた波は壁の後ろに回りこむ．このように，障害物の背後に波が回りこむ現象を波の**回折**という．そして，回折して進んでいく波を**回折波**という．

図 2.40 は，波長 λ の直線波が幅 d のすき間を通過する様子を示している．図 (a) はすき間の幅 d が波長 λ と同じ程度である．この場合，波は障害物の背後に大きく回りこんでいることがわかる．しかし，図 (b) のように，すき間の幅 d が波長 λ より非常に大きい場合は波の回折は目立たない．

ホイヘンスの原理によると，波面がすき間に到達すると，波面上の無数の点から素元波（円形波）が発生し，その素元波が障害物の後ろに回りこむ．この波が回折波である．そのため，すき間の幅 d が波長 λ と同程度以下のとき，波の回折が著しく現れる．それに対して，すき間の幅 d が波長 λ に比べて非常に大きい場合は，素元波が干渉して打ち消し合い，波の回折は目立たない．

回折は，いろいろな波にみられる現象である．AM ラジオ放送の電波（中波）は，波長が数百 m と長いので，山のような大きな障害物の背後にも回折してよく届く．しかし，テレビ放送や携帯電話の電波は，波長が数十 cm と短いので回折をせず，山間部やビルの谷間では受信しにくい．

このように，干渉や回折は波に特有の性質である．

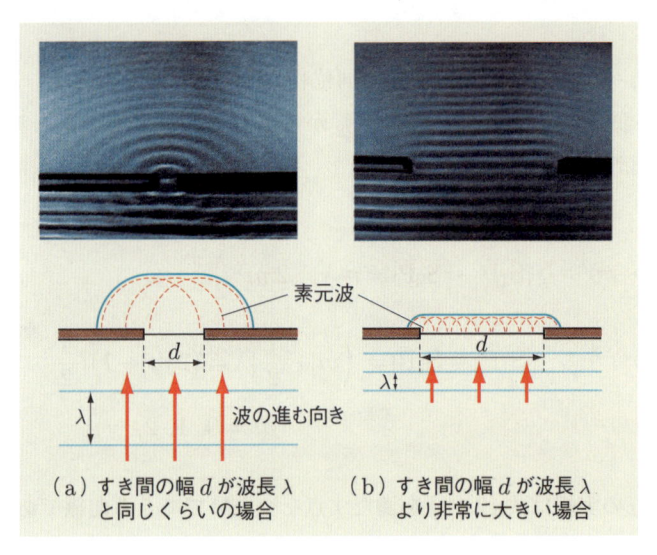

図2.40 波の回折

(a) すき間の幅 d が波長 λ と同じくらいの場合
(b) すき間の幅 d が波長 λ より非常に大きい場合

2.3.4 波の反射

図2.41(a)は，水面を左上から進んできた直線波が板で反射し，右上に進んでいく様子を示す．反射面に立てた法線と入射波の射線とのなす角 i を**入射角**，反射波の射線とのなす角 j を**反射角**という．また，入射波の射線と**法線**を含む面を**入射面**という．実験によると，どのような波でも反射波の射線は入射面内にあり，反射角 j は入射角 i に等しい．これを波の**反射の法則**という．

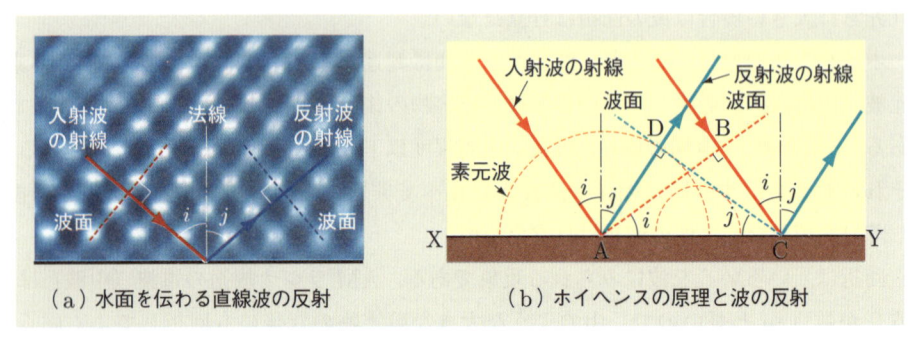

(a) 水面を伝わる直線波の反射
(b) ホイヘンスの原理と波の反射

図2.41 波の反射

$$i = j \tag{2.21}$$

式 (2.21) は，光の反射の法則の式 (2.1) と同じである．波の反射の法則は，ホイヘンスの原理を用いて説明することができる．図 2.41(b) のように，入射波の波面が反射面 XY 上の点 A に達したとする．この波面上の点 B を出た波が XY 上の点 C に達したとき，点 A から出た素元波は点 A を中心として BC の長さに等しい半径の半円上まで進んでいる．このときの反射波の波面は，AC 上の各点から少しずつ遅れて出た素元波に共通に接する面である．したがって，反射波の波面は，点 C からこの半円に引いた接線である．そして，その接点を D とすると，点 A を通る反射波の射線は AD である．

ここで，入射角 $i = \angle\text{CAB}$，反射角 $j = \angle\text{ACD}$ である．また，△ACB と △CAD は合同だから，$\angle\text{CAB} = \angle\text{ACD}$ であり，$i = j$ となる．

2.3.5 波の屈折

ある媒質を伝わる波がほかの媒質との境界面に達すると，波は境界面で反射するとともに新しい媒質の中へも進入する．とくに，波が境界面に向かって斜めに入射した場合，新しい媒質中を進む波は進行方向が変化する．これを波の**屈折**という．波が媒質の境界面で屈折するのは，波の速さが媒質によって異なるためである．

水面を伝わる波の速さは，水深が深いところほど大きい．図 2.42(a) は，水深が深い媒質 I の水面を左上から進んできた直線波が，水深が浅い媒質 II に入っていく様子を示す．この図から，二つの媒質の境界面 XY で波がわずかに屈折していることがわかる．境界面に立てた法線と屈折波の射線とのなす角 r を**屈折角**という．

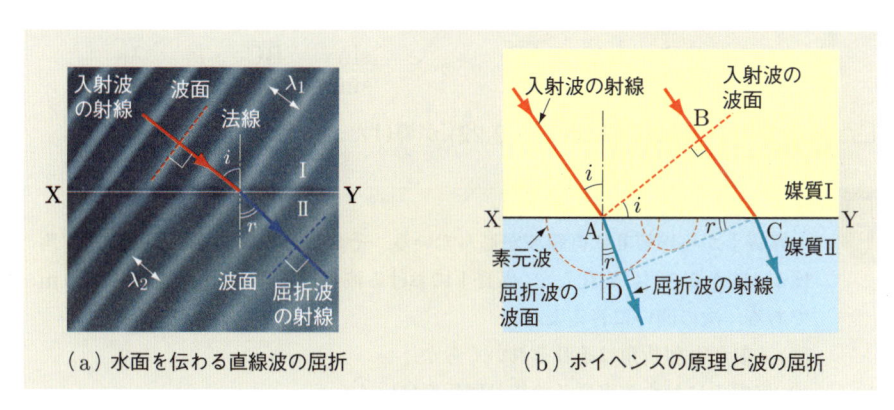

(a) 水面を伝わる直線波の屈折　　(b) ホイヘンスの原理と波の屈折

図 2.42　波の屈折

波の振動数 f は波源の振動数で決まり，媒質が変わっても変化しない．そこで，媒質Ⅰ，媒質Ⅱにおける波の速さをそれぞれ v_1, v_2，波長をそれぞれ λ_1, λ_2 とすると，波の基本式より，$v_1 = f\lambda_1$, $v_2 = f\lambda_2$ である．

実験によると，波が媒質Ⅰから媒質Ⅱへ進むとき，入射角 i の正弦（$\sin i$）と屈折角 r の正弦（$\sin r$）の比の値 n_{12} は，入射角 i によらず一定であることがわかる．この値 n_{12} を媒質Ⅰに対する媒質Ⅱの**相対屈折率**という．相対屈折率 n_{12} は，それぞれの媒質での波の速さの比で決まる．

$$\frac{\sin i}{\sin r} = \frac{v_1}{v_2} = \frac{\lambda_1}{\lambda_2} = n_{12} \tag{2.22}$$

これを波の**屈折の法則**という．式 (2.22) は光の屈折の法則の式 (2.3) と同じである．式 (2.22) より，$v_1 > v_2$ の場合は $n_{12} > 1$ であり，$r < i$ となる．$v_1 < v_2$ の場合は $n_{12} < 1$ であり，$r > i$ となる．また，媒質Ⅱに対する媒質Ⅰの相対屈折率は，$n_{21} = \dfrac{v_2}{v_1} = \dfrac{1}{n_{12}}$ である．

波の屈折の法則は，ホイヘンスの原理を用いて説明することができる．図 (b) のように，入射波の波面が境界面 XY 上の点 A に達したとする．この波面上の点 B を出た波が時間 t の後に境界面 XY 上の点 C に達したとき，点 A から出て媒質Ⅱに進む素元波は，点 A を中心として半径が $v_2 t$ の半円上まで進んでいる．このとき，屈折波の波面は，AC 上の各点から少しずつ遅れて出た素元波に共通に接する面である．したがって，屈折波の波面は，点 C からこの半円に引いた接線である．そして，その接点を D とすると，点 A を通る屈折波の射線は AD である．

ここで，入射角 $i = \angle \mathrm{CAB}$，屈折角 $r = \angle \mathrm{ACD}$ である．また，$\overline{\mathrm{BC}} = v_1 t$, $\overline{\mathrm{AD}} = v_2 t$ である．

$$\sin i = \frac{\overline{\mathrm{BC}}}{\overline{\mathrm{AC}}}, \quad \sin r = \frac{\overline{\mathrm{AD}}}{\overline{\mathrm{AC}}} \quad \text{だから，} \quad \frac{\sin i}{\sin r} = \frac{\overline{\mathrm{BC}}}{\overline{\mathrm{AD}}} = \frac{v_1}{v_2} = \frac{\lambda_1}{\lambda_2}$$

したがって，波の屈折の法則の式 (2.22) が導けた．

> **例題 2.5**
>
> 媒質Ⅰから媒質Ⅱに直線波が進んでいる．その波面の直線が境界面となす角度が 45° から 30° に変化した．媒質Ⅰにおける波の速さは $10\,\mathrm{m/s}$，波長は $2.0\,\mathrm{m}$ である．次の問いに答えよ．
> (1) 入射角と屈折角はそれぞれいくらか．
> (2) 媒質Ⅰに対する媒質Ⅱの相対屈折率はいくらか．

(3) 媒質Ⅱにおける波の速さ，波長，振動数はそれぞれいくらか．

解答
(1) 波の進行方向は波面に垂直であるから，入射波と屈折波の射線は図 2.43 のようになる．そのため，入射角 $i = 45°$，屈折角 $r = 30°$ となる．

(2) 媒質Ⅰに対する媒質Ⅱの相対屈折率 $n_{12} = \dfrac{\sin 45°}{\sin 30°} = \sqrt{2} \fallingdotseq 1.4$

(3) 媒質Ⅰにおける波の速さ $v_1 = 10 \text{ m/s}$，波長 $\lambda_1 = 2.0 \text{ m}$ である．波の屈折の法則より，$n_{12} = \dfrac{v_1}{v_2} = \dfrac{\lambda_1}{\lambda_2}$ となる，

これから，媒質Ⅱにおける波の速さ $v_2 \fallingdotseq 7.1 \text{ m/s}$，波長 $\lambda_2 \fallingdotseq 1.4 \text{ m}$ となる．媒質Ⅱにおける波の振動数 f は，媒質Ⅰにおける波の振動数に等しいから，$v_1 = f\lambda_1$ となる．これから，$f = \dfrac{v_1}{\lambda_1} = \dfrac{10 \text{ m/s}}{2.0 \text{ m}} = 5.0 \text{ Hz}$ となる．

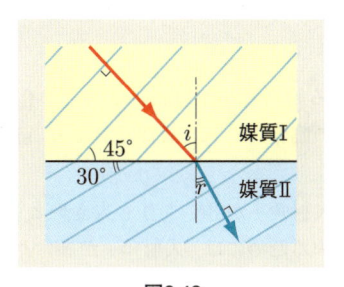

図2.43

2.3.6 波の全反射

図 2.44 では，媒質Ⅰにおける波の速さ v_1 は，媒質Ⅱにおける波の速さ v_2 よりも小さいとする．このとき，媒質Ⅰに対する媒質Ⅱの相対屈折率 n_{12} は 1 よりも小さく，屈折角 r は入射角 i よりも大きい．そのため入射角 i を少しずつ大きくしていくと，屈折角 r が $90°$ になる入射角がある．この入射角 i_c を**臨界角**という．入射角 i が臨界角 i_c より大きくなると，屈折波はなくなり，入射波は境界面ですべて反射される．この現象を波の**全反射**という．2.1.4 項で学んだように，全反射の現象は光でもみられる．

波の屈折の法則の式 (2.22) より，$\dfrac{\sin i_c}{\sin 90°} = \dfrac{v_1}{v_2} = n_{12} < 1$ である．これから，臨界角 i_c は次式で表される．

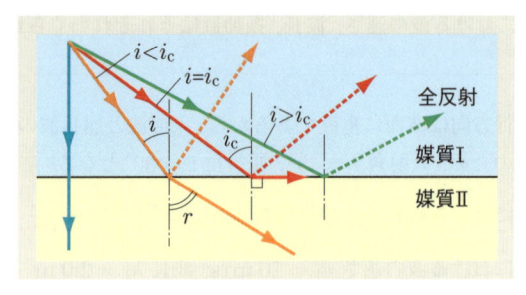

図2.44 波の全反射

$$\sin i_c = n_{12} \tag{2.23}$$

例題 2.6 媒質Ⅰに対する媒質Ⅱの相対屈折率が 0.59 であるとき，波が媒質Ⅰから媒質Ⅱに屈折して入るための入射角の範囲を求めよ．

解答 媒質Ⅰに対する媒質Ⅱの相対屈折率 $n_{12} = 0.59$ である．波が媒質Ⅰから媒質Ⅱに入射するときの臨界角 i_c は，式(2.23) より，$\sin i_c = 0.59$ となる．これから，$i_c \fallingdotseq 36°$ となる．

したがって，入射角 i が $36°$ よりも大きいとき全反射する．そのため，波が媒質Ⅰから媒質Ⅱに入るためには，入射角 i が 36°より小さくなければならない．

2.4 音 波

2.4.1 音の発生

太鼓の膜をたたいたりギターの弦をはじいたりすると，膜や弦が振動して音が発生する．スズムシは羽を震わせて音を出す．このように，振動することによって音を出すものを**発音体**または**音源**という（図 2.45）．

おんさ（音叉）をたたくと，おんさが振動して音が出る．これは，おんさの周りの空気が振動して，図 2.46(a) のように，空気の密度が大きい部分（密部）と小さい部分（疎部）が交互に生じ，空気中を疎密波として伝わるからである．したがって，空気中を伝わる**音波**は縦波であり，波の媒質は空気である．真空中では媒質がないので音波は伝わらない．図 2.29 の方法に従って，音波を図 2.46(b) のように表示する．

図2.45　いろいろな発音体

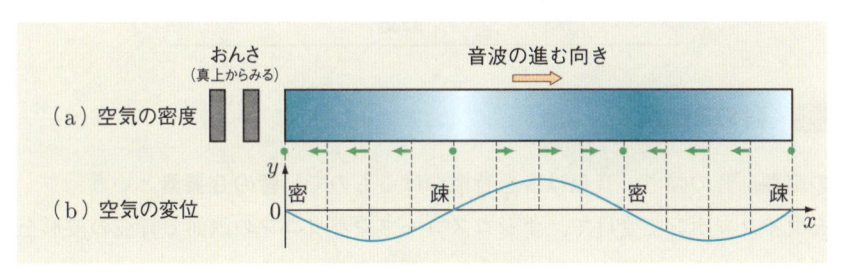

図2.46　おんさから出る音波

y は空気の変位を表す.

　水中を泳ぐ魚が音に反応したり，鉄道のレールに耳を当てると遠くの列車の走行音が聞こえたりする．このことから，音波は空気のような気体だけでなく，液体や固体の中でも伝わることがわかる．

2.4.2　音の速さ

　0℃，1気圧の乾燥した空気中を伝わる音の速さは，331.5 m/s であり，気温が1℃上がるごとに 0.6 m/s ずつ大きくなることが実験からわかっている．したがって，気温 t [℃] の空気中の音の速さ V [m/s] は，次式で表される．

$$V = 331.5 + 0.6t \tag{2.24}$$

気温が15℃のときの音の速さは約 340 m/s である．

　表2.2 に，種々の物質中の音波の速さを示す．水中を伝わる音波の速さは 1500 m/s で，空気中の約 4.4 倍である．一般に，物質中を伝わる音波の速さは，気体，液体，固体の順に大きくなる．

表2.2 種々の物質中の音速

物　質		音速 [m/s]	備　考
気体 (1気圧)	空気 (乾燥) 水素 酸素 ヘリウム	331.5 1269.5 317.2 970	0℃ 0℃ 0℃ 0℃
液体	水 (蒸留) 海水	1500 1513	23〜27℃ 20℃
固体 (縦波)	鉄 コンクリート 氷	5950 4250〜5250 3230	

2.4.3 音の3要素

音の高さ，音の強さ，音色は音を特徴づけるもので，**音の3要素**という．

音をマイクロホンで受けて，オシロスコープやパソコンの画面で音波の波形を観察することができる．音波の波形から音の3要素を調べよう．

(1) 音の高さ

音の高さは音波の振動数によって決まる．振動数の大きい音は高い音，小さい音は低い音である．人が聞くことができる音を**可聴音**という．可聴音の振動数は，およそ $20\,\mathrm{Hz}$ から $20\,\mathrm{kHz}$ の範囲である．$20\,\mathrm{kHz}$ より大きい振動数の音波を**超音波**という．また，$20\,\mathrm{Hz}$ より小さい振動数の音波を**超低周波音**という．

音楽では，振動数が2倍の音を**1オクターブ**高い音という．すなわち，振動数が $800\,\mathrm{Hz}$ のソプラノの音声は，振動数が $100\,\mathrm{Hz}$ のバスの音声よりも振動数が8倍 $= 2^3$ 倍大きいので，3オクターブ高い．

図2.47は，振動数が $260\,\mathrm{Hz}$ のおんさの音と，それより1オクターブ高いおんさ

(a) 低い音 ($f = 260\,\mathrm{Hz}$)　　　(b) 高い音 ($f = 520\,\mathrm{Hz}$)

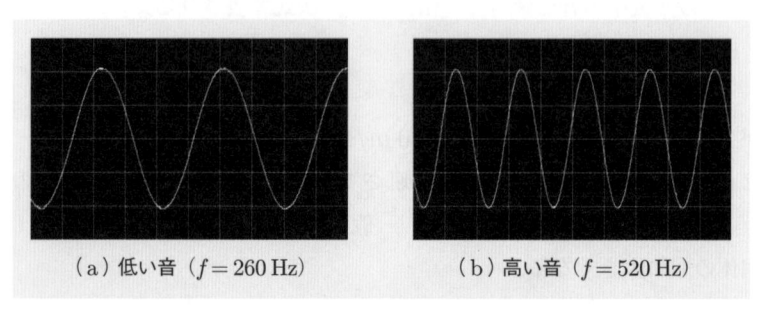

図2.47　おんさの音の高さ(横軸の時間の1目盛 $1.0\,\mathrm{ms}$)

の音の波形である．

　振動数が 50 kHz の超音波が空気中を伝わるとき，超音波の波長は約 7 mm である．このように，超音波は可聴音よりも振動数が大きいために波長が短い．そのため，障害物によって回折されにくく，直進する性質が高い．この性質を利用して，人の体内に超音波を発信し，そこから反射してくる波（反響音；エコー）を受信してコンピューターで画像化する装置が超音波診断装置である．また，魚群探知機は，海中に超音波を送って，魚の群れで反射された波を受信する装置である．コウモリやイルカは超音波を出して，前方にある障害物から反射する波を受信する．

(2) 音の強さ

　音の強さは，音の進行方向に垂直な $1\,\text{m}^2$ の面を 1 秒間に通過する音波のエネルギーで表される．そのため，音の強さの単位は $[\text{J}/(\text{s}\cdot\text{m}^2)]$，すなわち $[\text{W}/\text{m}^2]$ である．
　ところで，1.6.14 項で学んだように，ばね定数 k の軽いばねの先につけた質量 m の小球が振幅 A の単振動をするとき，単振動の振動数 f は，式 (1.66) から次式で表される．

$$f = \frac{1}{2\pi}\sqrt{\frac{k}{m}} \tag{2.25}$$

また，単振動のエネルギー E は，式 (1.30) と式 (2.25) より，次式で表される．

$$E = \frac{1}{2}kA^2 = 2\pi^2 m f^2 A^2 \tag{2.26}$$

　正弦波は，単振動が直線上を伝わる波である．したがって，式 (2.26) から，波のエネルギーは波の振幅 A の 2 乗と振動数 f の 2 乗に比例することがわかる．そのため，音の強さは，振動数が同じであれば振幅が大きいほど強くなる．
　おんさをたたいたときに聞こえる音の強さは次第に弱くなる．図 2.48 は，同じお

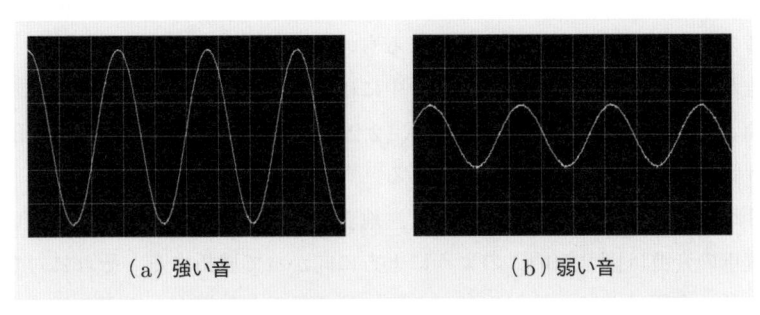

(a) 強い音　　　　　　　　　(b) 弱い音

図 2.48　おんさの音の強さ(横軸の時間の 1 目盛 1.0 ms，縦軸の 1 目盛は同じ)

んさから聞こえる強い音と弱い音の波形である．弱い音は強い音よりも音波の振幅が小さいことがわかる．

人は，同じ強さの音でも振動数が異なると違った大きさの音として感じる．そのため，音の3要素として音の強さの代わりに音の大きさを入れることがある．

(3) 音　色

図2.47のおんさの音の波形のように，単純な正弦曲線で表される波形の音を**純音**という．これに対して，図2.49の人の声の波形は非常に複雑である．

このように，波形の異なる音は違った音に聞こえる．これを**音色**が違うという．同じ高さの音でも，楽器によって波形が異なるので音色が違う．

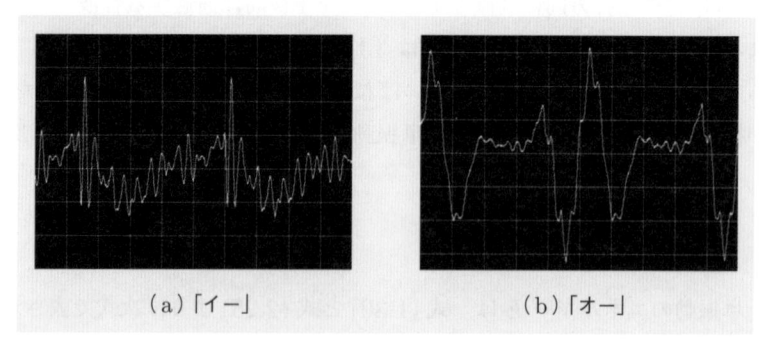

（a）「イー」　　　　　　　　　　（b）「オー」

図2.49　人の声の波形（横軸の時間の1目盛1.0 ms）

2.4.4　音波の反射と屈折

音は波であるから，反射，屈折，回折，干渉という四つの性質を示す．

山に登ったとき，谷の向こう側の山に向かって「ヤッホー」とさけぶと，しばらくして山びことして聞こえる．これは**こだま**といって，音が反射する例である．建物の中での音の反響や残響も，音の反射によるものである．

遠く離れた場所を走る電車の音が，日中には聞こえないのに，冬のよく晴れた夜明け前に聞こえることがある．これは，式(2.24)に示したように，空気中を伝わる音の速さは気温が高いほど大きいからである．

日中は地表近くの気温が高くなるので，地表近くの音速は上空よりも大きい．そのため，電車の音波は図2.50(a)のように上方に向かって屈折する．それに対して，冬の晴れた日の夜明け前は，放射冷却のために地表付近の気温が上空より低くなり，地表近くの音速が上空よりも小さくなる．そのため，電車の音波は図(b)のように下方

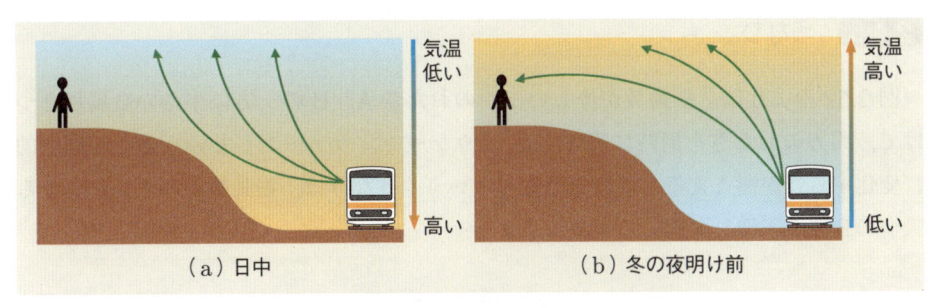

図2.50　地表面と上空の気温差による音波の屈折

に向かって屈折するので，音が遠くまで聞こえる．

2.4.5 音波の回折と干渉

　人の声の振動数はおよそ $100\,\mathrm{Hz}$ から $1000\,\mathrm{Hz}$ の範囲であるから，空気中を伝わる人の声の波長は $0.34\,\mathrm{m}$ から $3.4\,\mathrm{m}$ である．そのため，この波長と同程度の幅や高さをもつ障害物があっても，音声は容易に障害物の背後に回りこむ．このように，空気中を伝わる音波は回折しやすい．

　図 2.51 のように，同じ発振器につないだ二つのスピーカー S_1, S_2 から正弦波形の音を出す．そして，その前方を歩くと，音が強く聞こえる位置と弱く聞こえる位置があることがわかる．これは二つのスピーカー S_1, S_2 から出た音波が干渉するためである．ある点 P で音が強め合うか弱め合うかは，波の干渉条件の式 (2.19), (2.20) で表される．

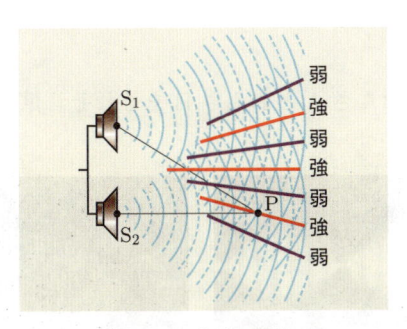

図2.51　音波の干渉

2.4.6 うなり

図2.52のように，振動数が等しい二つのおんさ A, B の一方に小さい金属片をつけて，両方のおんさを同時に鳴らすと，「ウァーン，ウァーン」という強さが周期的に変化する音が聞こえる．これを**うなり**という．うなりは，振動数がわずかに異なる二つの音波が干渉して起こる現象である．

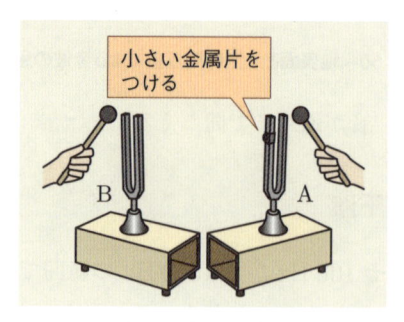

図2.52 うなりの実験

図2.53 は，うなりの波形である．図 (a) の波形では，周期が約 $0.25\,\mathrm{s}$ のうなりが発生していることがわかる．すなわち，1秒間あたり聞こえるうなりの回数 n は約4回である．また，図 (b) のように拡大してみると，二つのおんさ A, B からの音波が重なり合って，振幅が時間的に変化していることがわかる．

図2.52において，おんさ A は金属片をつけて重くなっているため，おんさ A の振動数 $f_1\,[\mathrm{Hz}]$ はおんさ B の振動数 $f_2\,[\mathrm{Hz}]$ よりもわずかに小さい．つまり，おんさ A から出る音波の周期 $T_1\,[\mathrm{s}]$ は，おんさ B から出る音波の周期 $T_2\,[\mathrm{s}]$ よりもわずかに長い．

図2.54(a), (b) は，おんさ A とおんさ B をそれぞれ単独で鳴らしたときに発生

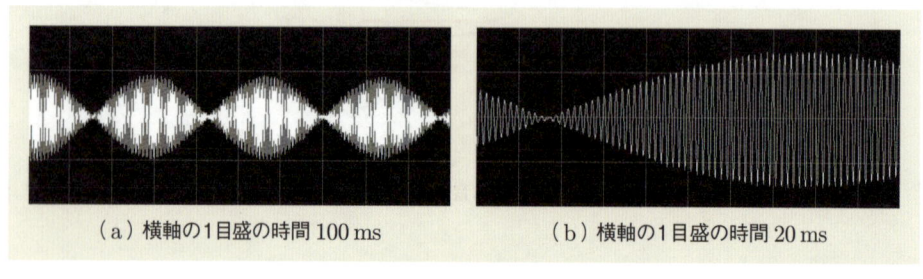

(a) 横軸の1目盛の時間 100 ms

(b) 横軸の1目盛の時間 20 ms

図2.53 うなりの波形

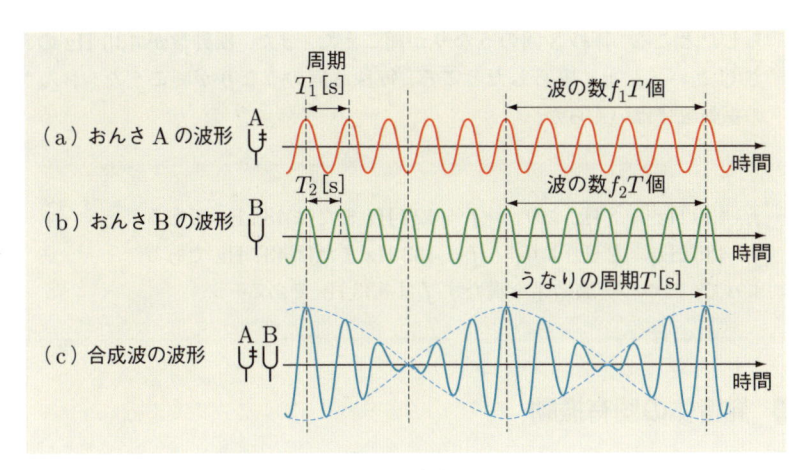

図2.54 うなり

する音波の波形である．また，図 (c) の実線は，二つのおんさ A，B を同じ強さで同時に鳴らしたときの合成波の波形である．二つの波の山と山，または谷と谷が一致した時刻に合成波の振幅は最大になり，音が強く聞こえる．また，二つの波の山と谷が一致した時刻に合成波の振幅はゼロになり，音は聞こえない．

音が強く聞こえる時間の間隔 T [s] を**うなりの周期**という．図 2.54(a)，(b) において，1 周期の波を「1 個の波」と数えると，うなりの周期 T [s] の時間におんさ A で発生する波の数は $f_1 T$ 個，おんさ B で発生する波の数は $f_2 T$ 個である．そして，その差はちょうど 1 個である．

$$|f_1 T - f_2 T| = 1 \tag{2.27}$$

うなりは，周期 T [s] の間に 1 回聞こえるので，**1 秒間あたりに聞こえるうなりの回数** n（単位 [Hz]）は，$n = \dfrac{1}{T}$ より，次式で表される．

$$n = |f_1 - f_2| \tag{2.28}$$

うなりは，二つの音の振動数の差が 10 Hz より小さいときに聞くことができる．10 Hz より大きいと，うなりを識別できない．また，二つの音の振動数が一致すると，うなりが聞こえない．このことを利用して楽器の調律を行っている．

例題 2.7 振動数が不明なおんさ A を，振動数が 430 Hz のおんさ B といっしょに鳴

らしたところ，毎秒 3 回のうなりが聞こえた．また，振動数が 435 Hz のおんさ C といっしょに鳴らしたところ，毎秒 2 回のうなりが聞こえた．おんさ A の振動数 f はいくらか．

解答 $|f - 430 \text{ Hz}| = 3 \text{ Hz}$ より，$f = 427 \text{ Hz}$ または 433 Hz である．
$|f - 435 \text{ Hz}| = 2 \text{ Hz}$ より，$f = 433 \text{ Hz}$ または 437 Hz である．
よって，二つの実験結果を満たす f は 433 Hz である．

2.4.7 発音体の固有振動

(1) 弦の固有振動

ギターやバイオリンのような弦楽器の弦は両端が固定されている．この弦をはじくと，その振動が横波として弦の両側に伝わっていき，やがて弦の両端で反射する．そして，入射波と反射波が重なり合って，両端が節になる定常波ができる．

図 2.55(a) は，弦の中央が腹となる定常波である．また，図 (b), (c) は，それぞれ腹の数が 2 個，3 個の定常波である．

一般に，AB 間の弦の長さを L とすると，腹の数が n 個の定常波の波長 λ_n は，図 2.55 より，次式で表される．

$$\lambda_n = \frac{2L}{n} \quad (n = 1, 2, 3, \cdots) \tag{2.29}$$

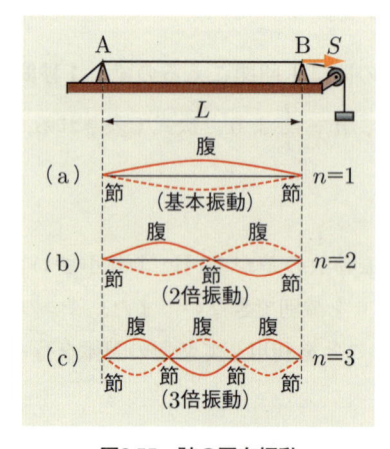

図2.55 弦の固有振動

2.2.7 項で学んだように，定常波の波長 λ と振動数 f は，進行波の波長と振動数に等しい．そのため，弦を伝わる波（進行波）の速さを v とすると，弦に生じる定常波の振動数 f_n と波長 λ_n の間に波の基本式 (2.13) が成り立つ．

$$v = f_n \lambda_n \tag{2.30}$$

ところで，弦の線密度（単位長さあたりの質量，単位は $[\mathrm{kg/m}]$）を σ，弦を引く力の大きさを S とすると，弦を伝わる波の速さ v は，次式で表されることがわかっている．

$$v = \sqrt{\frac{S}{\sigma}} \tag{2.31}$$

式 (2.31) は，弦を強く張るほど，また，弦の材質が同じならば細い弦ほど，弦を伝わる波は速く伝わることを表している．

そこで，式 (2.29) と式 (2.31) を式 (2.30) に代入すると，弦に生じる定常波の振動数 f_n は，

$$f_n = \frac{v}{\lambda_n} = n \frac{1}{2L} \sqrt{\frac{S}{\sigma}} \tag{2.32}$$

となる．式 (2.32) から，両端を固定した弦には，長さ L，線密度 σ，張力の大きさ S によって決められる特別な振動数の定常波しか生じないことがわかる．このような定常波を弦の**固有振動**といい，その振動数 f_n を**固有振動数**という．とくに，$n=1$ の固有振動を**基本振動**，その振動数 f_1 を**基本振動数**という．また，$n=2,3,\cdots$ の固有振動を，それぞれ 2 倍振動，3 倍振動，…（これらを総称して**倍振動**）という．弦の基本振動によって生じる音を**基本音**，倍振動によって生じる音を**倍音**という．

図 2.56 に示すように，ギターには太さ（線密度 σ）の異なる 6 本の弦がある．弦の張力の大きさ S はペグとよばれるネジによって調節する．また，弦の途中のフレットを指で押さえて，振動する弦の長さ L を変える．式 (2.32) から，細い弦ほど，強

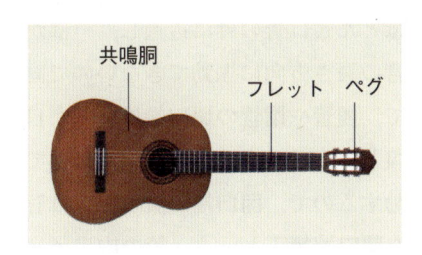

図2.56 ギター

く張った弦ほど，短い弦ほど高い音が発生することがわかる．

　実際の弦楽器の弦をはじくと，基本振動のほかに倍振動も発生し，基本音と倍音が重なった音色となる．しかし，ふつうは基本音が倍音よりも強いので，基本音の振動数が音の高さを決める．

例題 2.8　質量 4.0 g，長さ 80 cm の両端を固定した弦に，400 N の張力を加えて弦を振動させた．弦を伝わる波の速さはいくらか．また，弦に生じる基本振動の振動数はいくらか．

解答　弦の長さ $L = 80$ cm，弦の質量 $m = 4.0$ g，張力の大きさ $S = 400$ N より，弦の線密度 $\sigma = \dfrac{m}{L} = \dfrac{4.0 \times 10^{-3} \text{ kg}}{0.80 \text{ m}} = 5.0 \times 10^{-3}$ kg/m となる．

　式 (2.31) より，波の速さ $v = \sqrt{\dfrac{S}{\sigma}} = \sqrt{\dfrac{400 \text{ N}}{5.0 \times 10^{-3} \text{ kg/m}}} = 2.82 \times 10^2$ m/s ≒ 2.8×10^2 m/s となる．基本振動の波長を λ_1，基本振動数を f_1 とすると，$\lambda_1 = 2L$，$v = f_1 \lambda_1$ より，$f_1 = \dfrac{v}{\lambda_1} = \dfrac{2.82 \times 10^2 \text{ m/s}}{2 \times 0.80 \text{ m}} ≒ 1.8 \times 10^2$ Hz となる．

(2) 気柱の固有振動

　水を入れた試験管の口に息を強く吹きこむと音が出る．このとき，水の量を変えて水面の高さを上下させると，音の高さが変化する．これは，管の口の空気の振動が管の奥に伝わり，水面で反射した波と入射した波が重なり合って，管の中の空気（これを**気柱**という）に定常波が生じるためである．管の中を空気の振動が伝わる波は，音波なので縦波である．

　試験管のように一方の端だけが閉じた管を**閉管**といい，ストローのように両方の端が開いた管を**開管**という．閉管の閉じた端では，入射した波は反射するが，開管の開口端では，入射した波のほとんどは管の外に透過し，一部が反射される．そして，閉管の閉じた端では空気が管の長さ方向に振動できないので固定端に相当して，定常波の節となる．それに対して，開管や閉管の開口端は空気が自由に振動できるので自由端に相当して，定常波の腹となる．厳密には，開口端付近では管内の空気だけでなく管のすぐ外側の空気も振動するので，開口端の腹の位置は管の入り口からわずかに外にはみ出す．この距離 δ を**開口端補正**という．管の内半径 r が管の長さと比べて非常

に小さい円管では，開口端補正 δ は約 $0.6r$ であることが知られている．

図 2.57 に，閉管と開管の中の気柱に生じる定常波を示す．気柱の定常波は縦波であるが，図 2.46 のように横波として表示している．図の中央の一点鎖線は振動の中心を示す．また，開口端補正は非常に小さいので無視している．

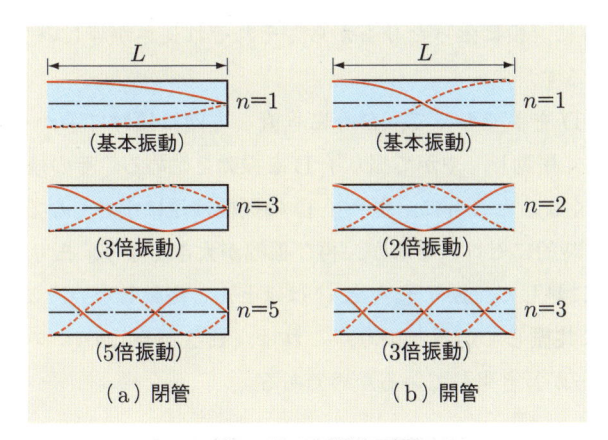

図2.57　気柱の固有振動

管の長さを L，空気中の音速を V とし，気柱の定常波の波長を λ_n，振動数を f_n とする．図 (a) の閉管の場合には，$\lambda_n = \dfrac{4L}{n}$ (n は奇数) だから，

$$閉管： f_n = \frac{V}{\lambda_n} = n\frac{V}{4L} \quad (n = 1, 3, 5, \cdots) \tag{2.33}$$

となる．図 (b) の開管の場合には，$\lambda_n = \dfrac{2L}{n}$ (n は正の整数) だから，

$$開管： f_n = \frac{V}{\lambda_n} = n\frac{V}{2L} \quad (n = 1, 2, 3, \cdots) \tag{2.34}$$

となる．

このように，管の中の気柱には，管の長さ L によって決まる特別な振動数の定常波が生じることがわかる．そのため，この定常波を気柱の**固有振動**という．開管の中の気柱には，基本振動数 f_1 の整数倍の振動数をもつ固有振動が生じる．しかし，閉管の中の気柱には，基本振動数 f_1 の奇数倍の振動数をもつ固有振動しか生じない．基本振動によって基本音が，倍振動によって倍音が発生する．

縦笛，フルート，クラリネットは，指で穴を開閉して気柱の長さを変えることによって，音の高さを変えている．また，トロンボーンは，管を動かして気柱の長さを変え

ている．

2.4.8 共振と共鳴

(1) 振り子の共振

図2.58のように，横に張ったひもから，それぞれ長さが等しい2組の振り子A, CとB, Dをつるす．

いま，振り子Dを手でもって，ひもに垂直な方向に傾けて手から離す．すると，振り子Dは大きく振動し，やがて振り子Bも振動を始める．その後，振り子Bの振幅は次第に大きくなるとともに，振り子Dの振幅は逆に小さくなる．そして，振り子Dの振幅は一時的にゼロになるが，再び振幅が大きくなり，振り子Bの振幅は小さくなる．それに対して，振り子AとCはほとんど振動しない．このとき，振り子BとDは互いに**共振**しているという．これは，長さが等しい二つの振り子BとDの間でエネルギーが行き来しているためである．

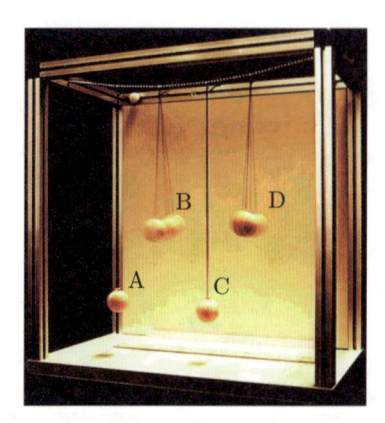

図2.58 振り子の共振

ところで，1.6.15項で学んだように，長さがLの単振り子の周期Tと振動数fは，それぞれ次式で表される．

$$T = 2\pi \sqrt{\frac{L}{g}}, \quad f = \frac{1}{T} = \frac{1}{2\pi}\sqrt{\frac{g}{L}} \tag{2.35}$$

式(2.35)から，振り子はその長さLで決まる固有振動数をもつことがわかる．振り子BとDは，振り子の長さが同じで固有振動数が等しいので，共振が起こる．

振り子，弦，橋，建物などのように振動する物体は，その振動体に固有の振動数を

もつ．振動体がその固有振動数に等しい振動数の振動を外部から受けると，共振して大きく振動する．気柱のような発音体の場合は，共振のことを**共鳴**という．

アメリカのサンフランシスコ湾にかかるタコマ・ナローズ橋は，1940年に完成してまもなく，風による振動に共振して崩落した．その大事故を教訓に，現在では，高層ビルや橋などを建築する際に，その固有振動数と地震などのゆれの振動数が一致して共振しないように設計が行われている．

(2) おんさの共鳴

おんさをたたくと，その振動が鉄製の物体の反対側の端に伝わり，その反射波と入射波が重なり合って基本振動が生じ，基本音が発生する．

図 2.59 のように，おんさを一端が開いた木製の箱にとりつけ，その気柱の基本振動数がおんさの基本振動数に等しくなるように箱の長さを決める．このおんさをたたくと，箱がついていないときに比べて強い音が聞こえる．これは，おんさと箱の中の気柱が共鳴したために起きたもので，これを**共鳴おんさ**といい，箱を**共鳴箱**という．

図 2.60 のように，振動数が等しい二つの共鳴おんさの箱を向かい合わせて置き，おんさ A をたたいて，しばらくしてから指でその振動を止めると，おんさ B から音が出ていることがわかる．これは二つのおんさが共鳴したためである．

ギターやバイオリンのような弦楽器は，**共鳴胴**をつけて，その中の空気を弦の振動に共鳴させて，強い音が出るようにしている．

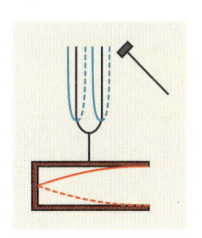

図 2.59　共鳴おんさ

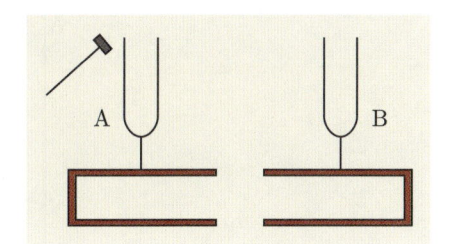

図 2.60　二つのおんさの共鳴

(3) 気柱の共鳴

図 2.61 のように，一端を閉じた管（閉管）の中に発泡スチロール球を入れ，開いている端にスピーカーを置いて音を出す．音の振動数を変えていくと，ある特定の振動数のときに発泡スチロール球が大きく振動する．これはスピーカーから出る音波の振動数と管の中の気柱の固有振動数が一致して共鳴したために起こる．

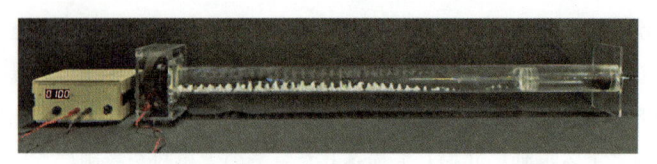

図2.61　閉管の中の気柱の共鳴による発泡スチロール球の振動

例題 2.9

　図 2.62 のように，ガラス管 A と水だめ B をゴム管でつないで水を入れる．ガラス管 A の管口でおんさを鳴らしながら，水だめ B を下げて，ガラス管 A の水面を管口より少しずつ下げていく．

　すると，水面の高さがガラス管 A の管口から 16.0 cm のところで管内の気柱が共鳴して音が強く聞こえた．さらに水面を下げていくと，管口から 50.0 cm のところで音が強く聞こえた．次の問いに答えよ．空気中での音速は 340 m/s とする．

(1) この音波の波長 λ は何 cm か．
(2) おんさの振動数 f は何 Hz か．
(3) ガラス管 A の管口のすぐ上のところで空気が大きく振動する．管口からこの位置までの距離 δ は何 cm か．
(4) 水面をさらに下げていくと，3 番目に共鳴するのは管口から何 cm のところか．

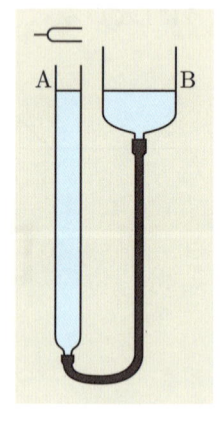

図2.62

解答　ガラス管 A の管口から水面までの気柱の固有振動数がおんさからの音波の振動数 f に一致するとき，共鳴が起こる．そのとき，水面は定常波の節になる．
(1) 図 2.63 のように，管口から第 1 共鳴点 P_1 までの長さ $L_1 = 16.0$ cm，第 2 共鳴

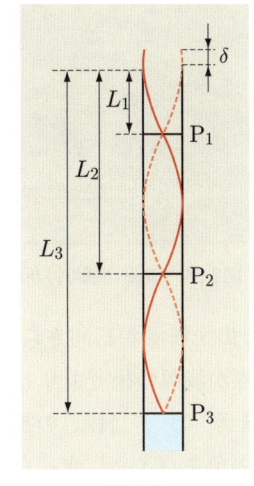

図2.63

点 P_2 までの長さ $L_2 = 50.0$ cm だから，次のようになる．

$$\lambda = 2(L_2 - L_1) = 2 \times (50.0 - 16.0) \text{ cm} = 68.0 \text{ cm}$$

(2) 音波の振動数は，おんさの振動数 f に等しい．音速 $V = 340$ m/s，波の基本式 $V = f\lambda$ より，次のようになる．

$$f = \frac{V}{\lambda} = \frac{340 \text{ m/s}}{0.680 \text{ m}} = 500 \text{ Hz}$$

(3) 開口端補正 $\delta = \dfrac{\lambda}{4} - L_1 = \left(\dfrac{68.0}{4} - 16.0\right)$ cm $= 1.0$ cm

(4) 管口から第3共鳴点 P_3 までの長さ

$$L_3 = L_2 + \frac{\lambda}{2} = (50.0 + 34.0) \text{ cm} = 84.0 \text{ cm}$$

2.4.9　ドップラー効果

　救急車やパトカーがサイレンを鳴らしながら目の前を通り過ぎると，そのとたんにサイレンの音が急に低くなったように聞こえる．一般に，音源とその音を聞く観測者の一方または両方が運動しているとき，観測者が聞く音の振動数は音源が出す音の振動数と異なって観測される．この現象は1842年にドップラー（Doppler）によって研究されたので，**ドップラー効果**という．

　ドップラー効果は，音波だけでなく，電波や光などすべての波で起こる現象である．

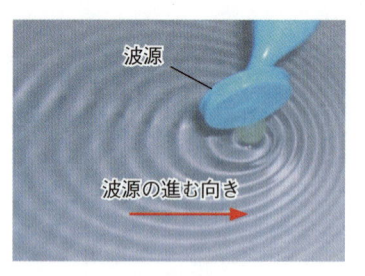

図2.64　波源（振動片）が動く水面波

図 2.64 は，水面で円形波を出す波源が右向きに動いているときの波面である．波源が進む前方では，波面の間隔が波源の後方よりも狭くなっていることがわかる．

図 2.65 は，パトカー（音源）が f [Hz] の振動数の音波を出しながら u [m/s] の速さで右向きに進み，その前をバイクに乗った人（観測者）が v [m/s] の速さで直線上を同じ向きに進んでいるときの音波の様子を示している．空気中を伝わる音の速さを V [m/s] とする．

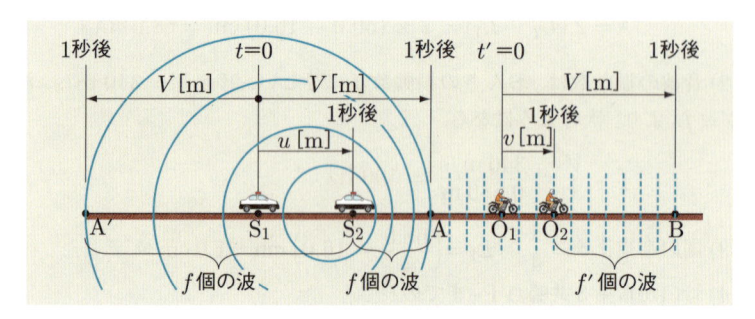

図2.65　ドップラー効果

ここで，1波長の波を「1個の波」と数えると，f [Hz] の振動数の波を出す音源は，1秒間に f 個の波を出していることになる．

図において，ある時刻（$t=0$）に音源が点 S_1 の位置で出した音波は，1秒後に V [m] の距離だけ離れた点 A，A′ の位置に到達する．このとき，音源は点 S_1 から点 S_2 の位置まで u [m] の距離を進む．そのため，音源が1秒間に出した f 個の波は，左向きに進む音波では S_2A' の間に，右向きに進む音波では S_2A の間に含まれる．この場合，観測者は音源の右側にいるので，右向きに進む1個あたりの波の長さ，つまり観測者が聞く音の波長 λ' [m] は，

$$\lambda' = \frac{V-u}{f} \tag{2.36}$$

となる.

いま,ある時刻 ($t'=0$) に観測者が点 O_1 の位置でこの音を聞いたとすると,その音波は 1 秒後には V [m] の距離だけ離れた点 B の位置に達している.そのとき,観測者は点 O_1 から点 O_2 の位置まで v [m] の距離を進む.観測者が聞く音の振動数を f' [Hz] とすると,観測者が 1 秒間に受ける f' 個の波は O_2B の間に含まれる.そのため,

$$f' = \frac{V-v}{\lambda'} = \frac{V-v}{\dfrac{V-u}{f}} = \frac{V-v}{V-u} f \tag{2.37}$$

と表される.

式 (2.37) より,$u \neq v$ のとき $f' \neq f$ であることがわかる.そして,音源と観測者が相対的に近づいているとき ($u > v$),$f' > f$ となるから,観測者は音源が出す音よりも高い音を聞く.また,音源と観測者が相対的に遠ざかっているとき ($u < v$),$f' < f$ となるから,観測者は低い音を聞く.

例題 2.10

電車が 30 m/s の速さで走りながら,620 Hz の警笛音を鳴らして踏切の前を通過した.次のそれぞれの場合に,踏切に立っている人が聞く警笛音の波長と振動数を求めよ.ただし,音速は 340 m/s である.
(1) 電車が踏切に近づいて来るとき
(2) 電車が踏切から遠ざかるとき

解答

電車の速さを u [m/s],音速を V [m/s],電車が出す警笛音の振動数を f [Hz] とすると,$u = 30$,$V = 340$,$f = 620$ である.
(1) このとき,踏切に立っている人が聞く警笛音の波長を λ_1 [m],振動数を f_1 [Hz] とする.図 2.65 と同じように,1 秒後の電車の位置と音波の到達点を考える.
図 2.66 より,

$$\lambda_1 = \frac{V-u}{f} = \frac{340-30}{620} = 0.500, \quad f_1 = \frac{V}{\lambda_1} = \frac{340}{0.500} = 680$$

である.
これから,電車が近づいて来るとき,踏切に立っている人が聞く警笛音の波長は

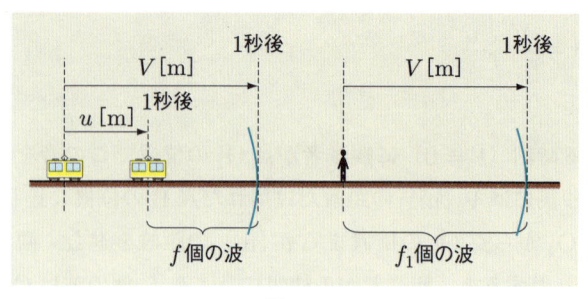

図2.66

$0.500\,\mathrm{m}$, 振動数は $680\,\mathrm{Hz}$ である.

(2) このとき，踏切に立っている人が聞く警笛音の波長を $\lambda_2\,[\mathrm{m}]$, 振動数を $f_2\,[\mathrm{Hz}]$ とする．図2.67より，

$$\lambda_2 = \frac{V+u}{f} = \frac{340+30}{620} = 0.5967 \fallingdotseq 0.597, \quad f_2 = \frac{V}{\lambda_2} = \frac{340}{0.5967} \fallingdotseq 570$$

である．

これから，電車が遠ざかるとき，踏切に立っている人が聞く警笛音の波長は $0.597\,\mathrm{m}$, 振動数は $570\,\mathrm{Hz}$ である．

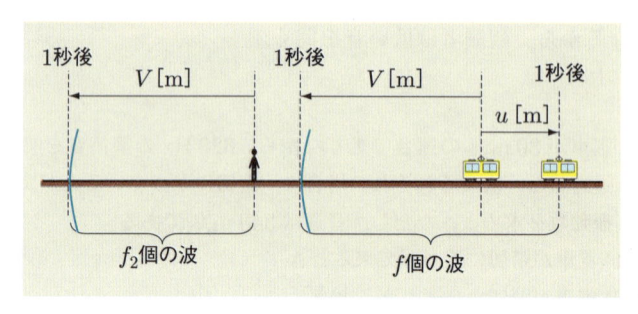

図2.67

ドップラー効果の式 (2.37) は，超音速ジェット機のように音源の速さ u が音速 V を超えると，f' が負の値になって成り立たない．この場合，**衝撃波**が生じて，建物の窓ガラスが割れるなどの被害が発生することがある[†]．

ドップラー効果は，音波だけでなく，光や電波でも現れる．1929年にハッブル (Hubble) は，宇宙のかなたにある銀河からやって来る光を観測して，その光の振

[†] 2013年2月15日，ロシア・ウラル地方のチェリャビンスク州付近で隕石が飛来して上空で爆発し，その衝撃波で約3000棟の建物が被害を受け，1200人がけがをした．隕石は直径が $17\,\mathrm{m}$, 質量が約1万トンあり，音速の約50倍に相当する $18\,\mathrm{km/s}$ の速さで大気圏に突入したと推定されている．

動数が実際に出している光の振動数よりもわずかに小さいことを発見した．次節で学習するように，光は波であるから，波の基本式から光速 $c = f\lambda$ が成り立つ．そのため，遠くの銀河から来る光の波長は実際よりもわずかに長い値が観測される．すなわち，赤色の光の波長のほうにずれて観測される．これを**赤方偏移**という．ハッブルはこの赤方偏移が光のドップラー効果によって生じると考えて，宇宙が膨張しているという証拠とした[†]．

野球の球速測定や車のスピード違反の取締りに使われるスピードガンは，ドップラー効果の原理を応用したものである．スピードガンは，測定する対象物に向かって約 10^9 Hz の振動数の**マイクロ波**を放射する．そして，反射してきたマイクロ波との振動数の違いから，内蔵されたマイコンで瞬時にボールや車のスピードを表示する．

2.5 光波

2.1 節では，光が水やガラスなどの媒質の中をどのように進むかを学習した．この節では，光が波の性質をもつことを学ぶ．

2.5.1 光とは

光は私たちにとって大変身近なもので，古代から光の正体についていろいろな考えが提案されてきた．17 世紀には，光は微小な粒子の流れであるとするニュートンの粒子説と，光は波であるとするホイヘンスの波動説との間で論争があった．しかし，19 世紀になると，ヤング（Young）やフレネル（Fresnel）の実験によって，光の回折や干渉の現象が発見され，光は波の一種であることがほぼ確立された[††]．

さらに，19 世紀中頃には，マクスウェル（Maxwell）によって，光は横波である電磁波の一種であることも明らかになった．とくに，人間の目にみえる光を**可視光線**という．一般に，光というときには可視光線を指すことが多い．可視光線の波長は 380 nm から 770 nm 程度である．図 2.68(a) は，分光器によって白熱電球からの光を波長に分けたものであり，**スペクトル**という．このスペクトルから，可視光線の中でもっとも波長の短い光の色は紫であり，そこから藍，青，緑，黄，橙，赤と波長が長くなることがわかる．白熱電球からの光は白くみえるが，これは紫から赤までの色

[†] 光のドップラー効果では，相対性理論により式 (2.37) は成り立たない．
[††] 1905 年アインシュタインは，光電効果の実験結果を説明するために，光は粒子のように振る舞うという光量子仮説を提唱した．この粒子を光子または光量子という（下巻 5.4.1 項参照）．

の光が混ざっているためである．このような光を**白色光**という．それに対して，ある一つの波長だけからなる光を**単色光**という．照明に使用されるナトリウムランプからの橙色の光は，図 (b) のように，589.3 nm 付近に近接した二つの波長をもつ．この光をナトリウムの D 線という．

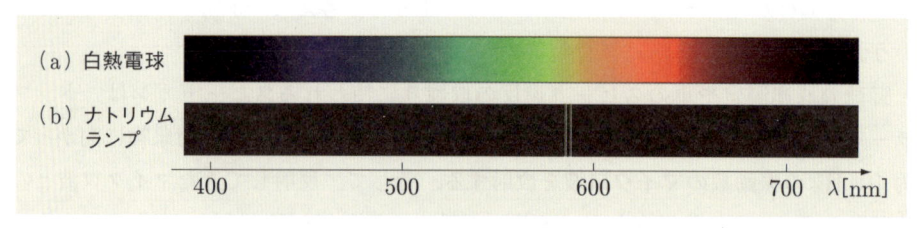

図2.68 可視光線の色

ところで，光は波であるから，ホイヘンスの原理を用いて導いた波の屈折の法則の式 (2.22) が光についても成り立つ．図 2.69 のように，光が真空中から物質中に入射する．このときの入射角を i，屈折角を r，真空中での光速を c，物質中での光速を v，真空中での光の波長を λ，物質中での光の波長を λ' とすると，波の屈折の法則より

$$\frac{\sin i}{\sin r} = \frac{c}{v} = \frac{\lambda}{\lambda'} = n \tag{2.38}$$

となる．n は物質の絶対屈折率であり，表 2.1 にいろいろな物質の n の値が示されている．

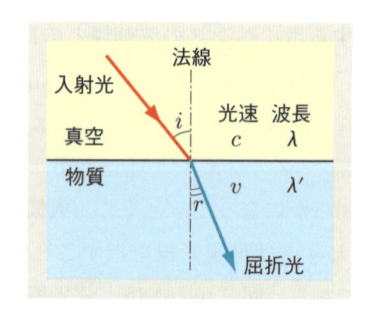

図2.69 光の屈折

ところで，二つの媒質が接しているとき，屈折率が小さい方の媒質を**光学的に疎な媒質**，大きい方の媒質を**光学的に密な媒質**という．たとえば，空気（$n = 1.00$）と水（$n = 1.33$）が接しているとき，空気は光学的に疎な媒質であり，水は光学的に密な媒質である．2.1.4 項で学んだように，光学的に密な媒質から疎な媒質に光が進

むとき，入射角 i が臨界角 i_c よりも大きいと光の全反射が起こる．

2.5.2 光の回折と干渉

(1) 光路長

図 2.70(a) のように，光が真空中から屈折率 n の媒質に入り，再び真空中に出てくる場合を考える．このとき，媒質中の光速 v，光の波長 λ' は，式 (2.38) から，

$$v = \frac{c}{n}, \quad \lambda' = \frac{\lambda}{n} \tag{2.39}$$

である．この媒質中の AB 間の距離を L とすると，光がこの間を進むのに要する時間 t は，式 (2.39) より，

$$t = \frac{L}{v} = \frac{nL}{c} \tag{2.40}$$

となる．図 (b) のように，真空中であれば，この同じ時間 t に光は点 A から点 B′ までの距離 ct を進む．式 (2.40) より，$ct = nL$ である．nL を **光路長** または **光学的距離** という．光路長 nL は，屈折率 n の媒質中を光が距離 L だけ進むのと同じ時間に真空中を光が進む距離である．

同位相の二つの光の波が異なる経路や異なる媒質中を進んで再び出会うとき，その二つの光の光路長の差を **光路差** といって，Δ で表す．

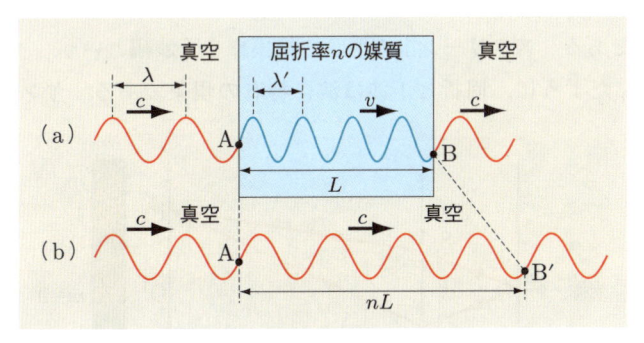

図2.70 光路長

(2) 反射による光の位相の変化

2.2.6 項で学んだように，ウェーブマシンの自由端で反射した波の位相は入射した波の位相と変わらないが，固定端で反射した波の位相は入射した波の位相に比べて $\pi\,\mathrm{rad}$ だけ変化する．光の場合は，光が光学的に密な媒質から疎な媒質に進むときの

反射は，ウェーブマシンの自由端の反射に相当し，逆に，疎な媒質から密な媒質に進むときの反射は，固定端の反射に相当することがわかっている．つまり，図2.71のように，光が光学的に疎な媒質から密な媒質に進むとき，境界面上の点Aで，反射光の位相が，入射光に比べてπ radだけ変化する．

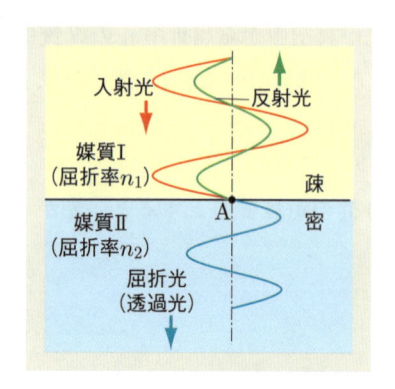

図2.71　垂直入射のときの反射による光の位相の変化$(n_1 < n_2)$

(3) ヤングの実験

　図2.72のように，一つのスリットS（**単スリット**）と，そのすぐ後ろにごく接近した二つのスリットS_1，S_2（**複スリット**）を置いて，単スリットに波長λの単色光を当てると，後方のスクリーンに明暗の**縞模様**が観察できる．これは光源から出た光が単スリットSで回折し，さらに複スリットS_1，S_2で回折した光がスクリーン上で干渉したためである．スクリーン上の明暗の縞模様を**干渉縞**という．

　2.3節で学んだように，回折と干渉は波に特有の現象である．ヤングは1801年，

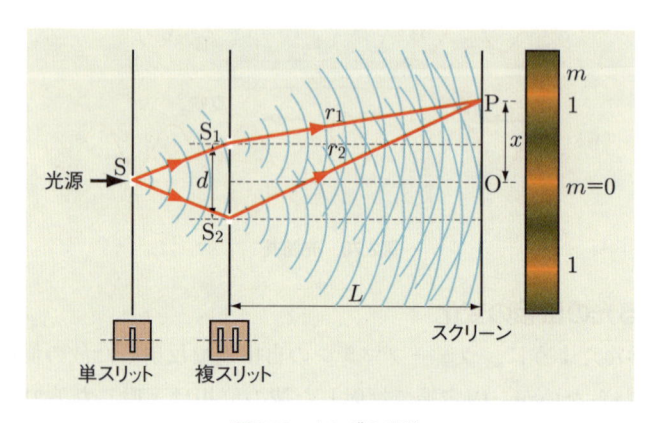

図2.72　ヤングの実験

この実験を行い，光が波であることを初めて実験で証明した．

図では，$\overline{SS_1} = \overline{SS_2}$ になるようにスリットを配置している．そのため，スリット S_1, S_2 に達した光の波は同位相である．このとき，複スリットの後方にあるスクリーン上で，二つの光の波が山と山のように同じ位相で重なれば，強め合って明るい光になる．それに対して，二つの光の波が山と谷のように逆の位相で重なれば，弱め合って暗い光になる．したがって，水面を伝わる波の干渉条件の式 (2.19)，(2.20) のように，スリット S_1, S_2 からそれぞれ出てスクリーン上の任意の点 P に達する二つの光の光路差を Δ とすると，**光の干渉条件**は次式で表される．

$$\Delta = \begin{cases} m\lambda & \cdots 明るい \\ \left(m + \dfrac{1}{2}\right)\lambda & \cdots 暗い \end{cases} \quad (m = 0, 1, 2, 3, \cdots) \tag{2.41}$$

図において，長さ $\overline{S_1P}$, $\overline{S_2P}$ をそれぞれ r_1, r_2 とする．空気の屈折率はほぼ 1 だから，二つの光の光路差 $\Delta = |r_1 - r_2|$ である．S_1S_2 の垂直二等分線とスクリーンとの交点を O とし，OP の長さを x, 複スリットのスリット間隔を d, 複スリットとスクリーンの間隔を L とする．ただし，d は L に比べて非常に小さい．また，点 O の近傍に点 P をとると，x も L に比べて非常に小さい．そのため，$r_1 \fallingdotseq L$, $r_2 \fallingdotseq L$ であるから，$r_1 + r_2 \fallingdotseq 2L$ とみなしてよい．いま，点 P がスクリーンの中心 O の上側にある場合，$\Delta = r_2 - r_1$ である．したがって，

$$r_2{}^2 - r_1{}^2 = (r_2 + r_1)(r_2 - r_1) \fallingdotseq 2L\Delta \tag{2.42}$$

となる．一方，図 2.72 において，

$$r_1{}^2 = L^2 + \left(x - \frac{d}{2}\right)^2, \quad r_2{}^2 = L^2 + \left(x + \frac{d}{2}\right)^2$$

であるから，$r_2{}^2 - r_1{}^2 = 2xd$ となり，式 (2.42) から，

$$\Delta \fallingdotseq \frac{xd}{L} \tag{2.43}$$

となる．よって，式 (2.41) と式 (2.43) から，

$$\begin{cases} x = m\dfrac{\lambda L}{d} & \cdots 明線 \\ x = \left(m + \dfrac{1}{2}\right)\dfrac{\lambda L}{d} & \cdots 暗線 \end{cases} \quad (m = 0, 1, 2, 3, \cdots) \tag{2.44}$$

である．ここで，m を干渉縞の**次数**という．隣り合う明線の間隔を δ で表すと，

$$\delta = (m+1)\frac{\lambda L}{d} - m\frac{\lambda L}{d} = \frac{\lambda L}{d} \tag{2.45}$$

となり，δ は次数 m によらず一定であることがわかる．そのため，δ, d, L を測定すると，光の波長 λ を求めることができる．

図 2.73 は，レーザー光を複スリットに当てたときスクリーンに現れる干渉縞である．

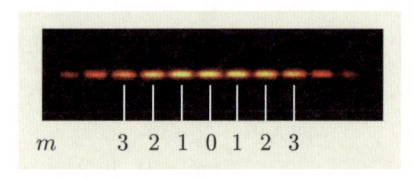

図2.73　複スリットによるレーザー光の干渉縞

例題 2.11　ヤングの実験で，間隔が $0.30\,\mathrm{mm}$ の複スリットから $2.4\,\mathrm{m}$ 離れたスクリーンでの隣り合う明線の間隔は $4.0\,\mathrm{mm}$ であった．光の波長は何 nm か．

解答　スリット間隔 $d = 0.30\,\mathrm{mm}$，複スリットとスクリーンの間隔 $L = 2.4\,\mathrm{m}$，隣り合う明線の間隔 $\delta = 4.0\,\mathrm{mm}$ である．式 (2.45) より，光の波長 λ は次のようになる．

$$\lambda = \frac{d\delta}{L} = \frac{3.0 \times 10^{-4}\,\mathrm{m} \times 4.0 \times 10^{-3}\,\mathrm{m}}{2.4\,\mathrm{m}} = 5.0 \times 10^{-7}\,\mathrm{m}$$

$$= 5.0 \times 10^{2}\,\mathrm{nm}$$

(4) 回折格子

図 2.74(a) は，両面が平らなガラス板の片面に，1 mm につき 50 ～ 2000 本の割

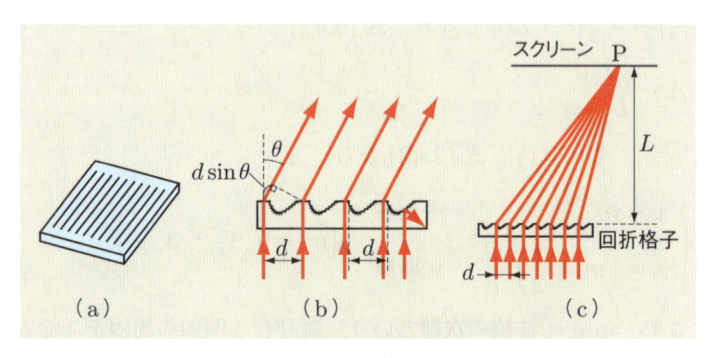

図2.74　回折格子

合で等間隔に細い直線の溝をつけたもので，**回折格子**（グレーティング）という．溝と溝の間隔 d を**格子定数**という．図2.74(b)，(c)のように，回折格子の裏側からガラス面に垂直に波長 λ の単色光を当てると，溝の部分は光が透過できないが，溝と溝の間はスリットとなって光が透過する．そして，多数のスリットで回折した光は互いに干渉して，スクリーン上に明暗の縞模様が現れる．

回折格子からスクリーンまでの距離 L は格子定数 d に比べて非常に大きい．そのため，各スリットからスクリーン上の点 P に向かう光は，図(b)のように平行光線とみなしてよい．その光の方向と入射光の方向のなす角を θ とする．図(b)において，隣り合うスリットのそれぞれ対応する点からの光の光路差 Δ は，$d\sin\theta$ である．したがって，スクリーン上の点 P が明るくなるのは，式(2.41)より，次の関係が成り立つときである．m を回折光の**次数**，θ を**回折角**という．

$$d\sin\theta = m\lambda \quad (m = 0, 1, 2, 3, \cdots) \tag{2.46}$$

図2.75は，回折格子に単色光が垂直に入射したときの回折光の方向を示す．また，図2.76は，レーザー光の回折格子による回折の模様である．

CDの凹凸のある面を上にして，炎がついたロウソクをCDの中心の穴に立てる．そして，真上からみると，CDは図2.77のように，同心円状になって色づいてみえる．これは，ロウソクの炎からの白色光がCDの表面の無数の凹凸によって回折される

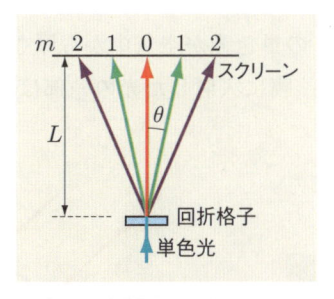

図2.75　回折光の次数と回折角

図2.76　回折格子によるレーザー光の回折

図2.77　CDによる白色光の回折

ためである．

> **例題 2.12**
> 波長 589 nm のナトリウムランプからの橙色の光を回折格子に垂直に当てた．このとき，図 2.75 に示した 2 本の 1 次の回折光のなす角を測ったところ，$6°46'$ であった．回折格子の格子定数はいくらか．また，この回折格子は 1 mm あたり何本の溝が刻まれているか．ただし，角度の単位の度（°）と分（′）は $1° = 60'$ である．

解答 光の波長 $\lambda = 5.89 \times 10^{-7}$ m，次数 $m = 1$，1 次の回折角 $\theta_1 = 3°23'$ である．式 (2.46) より，$d\sin\theta_1 = \lambda$ であるから，格子定数 d は次のようになる．

$$d = \frac{\lambda}{\sin\theta_1} = \frac{5.89 \times 10^{-7} \text{ m}}{\sin 3°23'} \fallingdotseq 9.98 \times 10^{-6} \text{ m} = 9.98 \text{ μm}$$

また，1 mm あたりの溝の本数 $n = \dfrac{1}{d} \fallingdotseq 100$ 本/mm となる．

(5) 薄膜による光の干渉

水面に浮かぶ油膜やシャボン玉のように，薄い膜に太陽光が当たると図 2.78 のように色づいてみえる．これは，薄い膜の表面で反射した光と裏面で反射した光との干渉によって起こる．

図 2.79 のように，波長 λ の単色光が空気中から厚さ d，屈折率 n の薄い膜に斜めに入射する場合を考える．膜に入射した光の一部は膜の表面の点 A で反射する

図 2.78 しゃぼん玉

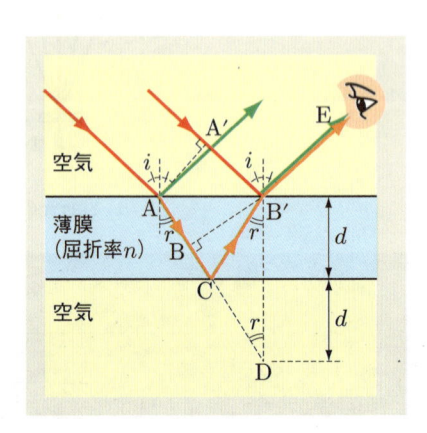

図 2.79 薄膜に斜めに入射した光の干渉

が，一部の光は屈折して膜の裏面の点 C で反射し，点 B′ で再び空気中に出る．この光（A→C→B′→E）と点 B′ での反射光（A′→B′→E）の二つの光が干渉する．波面 AA′ 上および波面 BB′ 上の二つの光の位相はそれぞれ等しいから，AB 間の光路長 $n\overline{\mathrm{AB}}$ は，A′B′ 間の光路長 $1 \cdot \overline{\mathrm{A'B'}}$ に等しい．そのため，二つの光の光路長の間には，

$$n\left(\overline{\mathrm{AC}} + \overline{\mathrm{CB'}}\right) - 1 \cdot \overline{\mathrm{A'B'}} = n\left(\overline{\mathrm{BC}} + \overline{\mathrm{CB'}}\right) = n\overline{\mathrm{BD}} = n \cdot 2d\cos r$$

の差が生じる．

また，膜の屈折率 n は空気の屈折率 1 より大きいので，点 C での光の反射は光学的に密な媒質から疎な媒質に入射するときの反射であり，点 B′ での反射は光学的に疎な媒質から密な媒質に入射するときの反射である．そのため，点 C では反射光の位相は変化しないが，点 B′ では，反射光の位相は入射光に比べて $\pi\,\mathrm{rad}$ だけ変化する．二つの光の位相差 $\pi\,\mathrm{rad}$ は，$\dfrac{\lambda}{2}$ の光路差に相当する．したがって，反射による位相の変化の寄与も含めると，二つの反射光の光路差 $\varDelta$ は

$$\varDelta = 2nd\cos r + \frac{\lambda}{2} \tag{2.47}$$

となる．これから，光の干渉条件の式 (2.41) を適用すると，光が膜に入射する角度 i によって反射光が明るくなったり暗くなったりすることがわかる．白色光が膜に入射する場合は，入射角が同じでも光の色，つまり波長によって反射光が明るくなったり暗くなったりする．そのため，油膜やシャボン玉は色づいてみえる．

例題 2.13 十分厚い平面ガラス板の表面に，屈折率が 1.36 の薄い透明な膜（フッ化マグネシウム）をつける．この膜に垂直に，波長 589 nm のナトリウムランプからの橙色の光を入射させたとき，膜で反射する光を弱めるには，膜の厚さを最小何 nm にすればよいか．ガラスの屈折率は 1.50 である．

解答 薄膜の屈折率 $n = 1.36$，光の波長 $\lambda = 589\,\mathrm{nm}$ である．膜の厚さを d とする．

図 2.80 において，点 A で反射する光と点 B で反射する光は，ともにそれぞれの入射光に対して位相が $\pi\,\mathrm{rad}$ だけ変化する．そのため，反射による位相差はゼロである．これから，二つの反射光の光路差は $\varDelta = 2dn$ である．

二つの反射光が弱めあう条件は，式 (2.41) より，$\varDelta = \left(m + \dfrac{1}{2}\right)\lambda$ である．した

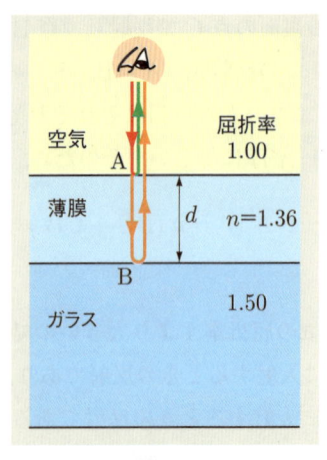

図2.80

がって，$2dn = \left(m + \dfrac{1}{2}\right)\lambda$ で，$m = 0$ のとき，d は最小になる．よって，膜の最小の厚さ $d = \dfrac{\lambda}{4n} = \dfrac{589 \text{ nm}}{4 \times 1.36} \fallingdotseq 108 \text{ nm}$ となる．

このような膜を**反射防止膜**という．カメラのレンズの表面にこの膜をコーティングして，反射光を減らしている．

(6) ニュートンリング

図 2.81(a) のように，平凸レンズを平面ガラス板の上に置き，これに垂直に真上から波長 λ の単色光を入射させる．そして，真上から観察すると，図 (b) のような同心円の明暗の縞模様がみえる．ニュートンはこのリングについて詳しく研究したので，これを**ニュートンリング**という．

ニュートンリングは，レンズの裏側の球面上の点 A で反射した光と，平面ガラスの表面の点 B で反射した光が干渉してできる．用いるレンズの凸部の曲率半径 R は数 m と大きいから，二つの反射光はほぼ真上に戻ってくる．また，点 A での反射では位相は変化しないが，点 B では光が光学的に疎な媒質から密な媒質に向かうときの反射であるから，位相が $\pi\,\text{rad}$ だけ変化する．この位相差は $\dfrac{\lambda}{2}$ の光路差に相当する．

したがって，反射による位相変化の寄与も含めると，二つの反射光の光路差 Δ は，

$$\Delta = 2d \cdot 1 + \dfrac{\lambda}{2} \tag{2.48}$$

となる．ここで，d はレンズとガラス板の接触点 O から距離 r の点 B での空気層の

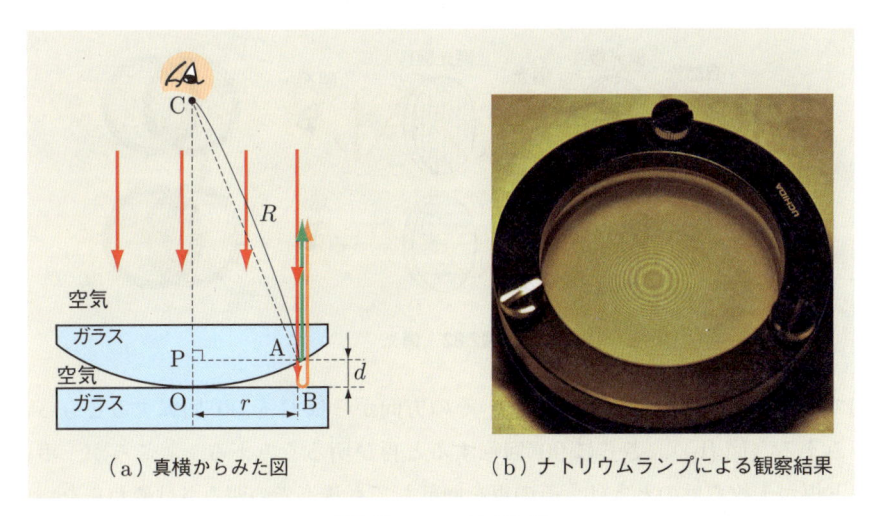

(a) 真横からみた図　　　(b) ナトリウムランプによる観察結果

図2.81　ニュートンリング

厚さである．図 2.81(a) の △CPA において，$\overline{\mathrm{PA}}^2 + \overline{\mathrm{CP}}^2 = \overline{\mathrm{CA}}^2$ だから，

$$r^2 = R^2 - (R-d)^2 = (2R - d)d$$

となるが，$d \ll R$ であるので，$r^2 \fallingdotseq 2Rd$ としてよい．そこで，式 (2.48) は，

$$\Delta = \frac{r^2}{R} + \frac{\lambda}{2}$$

となる．したがって，式 (2.41) より，

$$\begin{cases} 暗環の半径： & r = \sqrt{m\lambda R} \\ 明環の半径： & r = \sqrt{\left(m + \dfrac{1}{2}\right)\lambda R} \end{cases} \quad (m = 0, 1, 2, 3, \cdots) \tag{2.49}$$

である．ニュートンリングの暗環の半径は次数 m の平方根に比例するので，隣り合う暗環の間隔は外側ほど狭くなる．

2.5.3　偏　光

図 2.82 のように，2 枚のポーラロイド板[†]を重ねて，1 枚目の板 A を固定し，2 枚目の板 B を回転させながら透過する光を観察する．すると，透過光は板 B がある

[†] ポーラロイド板は，アメリカのポーラロイド社が開発した製品で，ポリビニルアルコール（PVA）のフィルムにヨウ素化合物の結晶を吸着させて作ったものである．

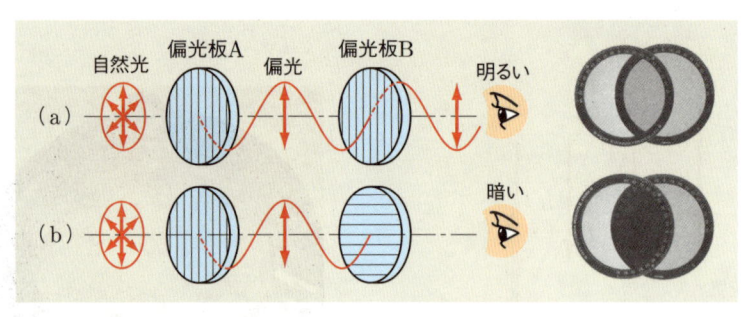

図2.82　偏光

方向でもっとも明るくみえ（図(a)），その方向から板Bを90°回転するともっとも暗くみえる（図(b)）．さらに90°回転すると再び明るくみえる．ところが，ポーラロイド板が1枚だけのときは，その板を回転しても透過光の明るさは変わらない．

このことは，光が横波であることを示している．ポーラロイド板は，特定の方向に振動する光のみを通す性質をもっている．ポーラロイド板を通った光のように，一つの方向のみに振動する光を**偏光**という．これに対して，太陽光やナトリウムランプからの光などは，光の進行方向に垂直な面内であらゆる方向に振動する光を均等に含んでいる．このような光を**自然光**という．ポーラロイド板や電気石の薄い板のように，偏光を作る板を**偏光板**という．振動方向が偏光板の軸と平行な光は偏光板を透過するが，軸と垂直な光は透過できない．偏光板は液晶ディスプレイに使用されている．

自然光が当たっているガラス板や水面からの反射光を，1枚の偏光板を通して観察しよう．このとき，偏光板を回転すると，透過光の明るさが変化する．このことから，物体で反射した光は，特定の方向の偏光を多く含んでいることがわかる．そのため，めがねやカメラのレンズに偏光板をつけると，反射光をかなりさえぎることができる．この偏光板を**偏光フィルター**という．

2.5.4　光の分散とスペクトル

図2.83のように，スリットを通した太陽光のような白色光をプリズムに入射させ，出てきた光を白い紙に映すと，赤から紫までの連続した色がみえる．これは，プリズムの材料であるガラスの屈折率が光の波長によって変化するためである．これを光の**分散**という．表2.1には，ナトリウムのD線の光の波長（589.3nm）に対する種々の物質の屈折率を示した．

図2.84からわかるように，ガラスの屈折率は波長の短い光ほど大きいので，紫色

図2.83　プリズムによる光の分散

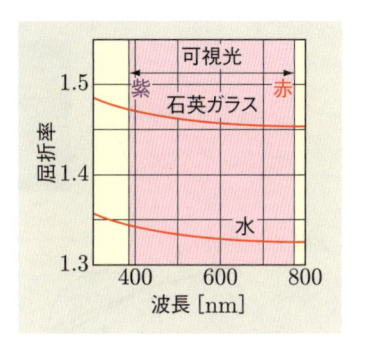

図2.84　屈折率と波長の関係

の光の屈折角は赤色の光の屈折角よりも小さくなる．そのため，プリズムを通過した後，白色光は色によって分かれる．

　プリズムや回折格子を使って，光をいろいろな波長の光に分ける装置を**分光器**という．図2.68(a) に示した白熱電球からの光のスペクトルは，波長が広い範囲で連続的に分布しているので，**連続スペクトル**という．一方，図2.68(b) に示したナトリウムランプからの光のスペクトルを，**線スペクトル**という．白熱電球の光のように高温の物体から出る光のスペクトルは連続スペクトルであり，ナトリウム，水銀，水素などの原子や分子が出すスペクトルはそれぞれの原子や分子に特有の線スペクトルである．

　図2.85の太陽光のスペクトルは，連続スペクトルの中に多数の暗線が存在する．この暗線を，発見者にちなんで**フラウンホーファー線**という．これらの線は，太陽の周辺の元素や地球の大気中の酸素などによって光が吸収されたために現れる．このような暗線を含むスペクトルを**吸収スペクトル**という．線スペクトルや吸収スペクトルを調べると，物質を構成している原子や分子の種類を知ることができる．

図2.85　太陽光のスペクトルとフラウンホーファー線

　太陽光には赤色の光よりも波長の長い光が含まれており，それを**赤外線**という．また，紫色の光よりも波長の短い光も含まれており，それを**紫外線**という．赤外線は，物質に吸収されるとその温度が上昇するので，**熱線**ともよばれる．紫外線は，殺菌作用が強く，酸素 O_2 をオゾン O_3 に変化させるなどの化学作用がある．

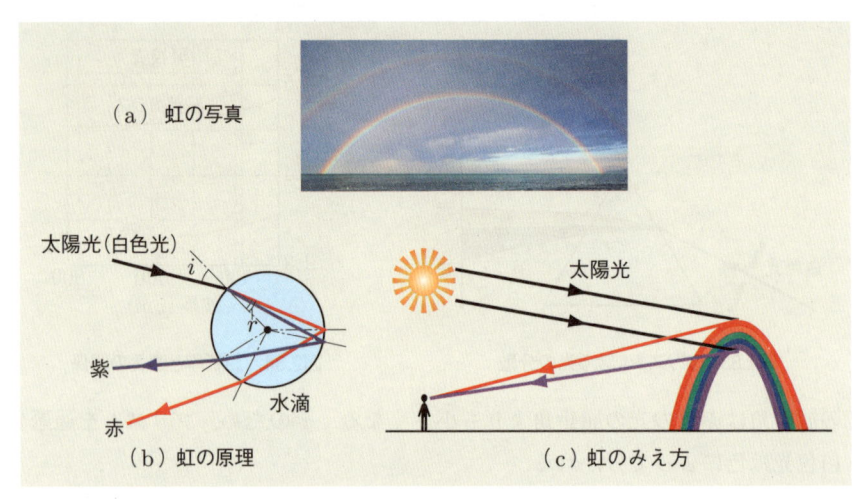

図2.86 虹

雨が上がって太陽の日射しが照っているとき，太陽と反対側の方角に図 2.86(a) のような**虹**がみえることがある．虹は，図 (b) のように大気中の水滴の球に太陽光が入射し，2 回の屈折のときに光の分散によって赤から紫色までの光に分かれるために起こる．図 (c) のように，虹の外側は赤色であり，内側は紫色である．

2.5.5 光の散乱

光が空気中の分子やちり，煙などの微粒子に当たると，光は四方八方に散っていく．これを光の**散乱**という．とくに，光の波長よりも小さいサイズの粒子による散乱を**レイリー散乱**という．

光がレイリー散乱したときの散乱光の強度は，光の波長の 4 乗に反比例することがわかっている．そのため，波長が短い青色の光は赤色の光よりも強く散乱される．日中に空全体が青くみえるのは，太陽からの青色の光が大気中の酸素や窒素の分子によって強く散乱されるためである．また，図 2.87 のように朝日や夕日が赤くみえる

図2.87 日の出

のは，日の出や日の入りのときは太陽からの光が大気中を通過する距離が長くなり，散乱を受けにくい赤色の光が観測者に多く届くからである．

2.5.6　レーザー

レーザーは，光を増幅して放射する装置であり，1960 年にアメリカのメイマン（Maiman）がルビーを使って波長 694.3 nm の赤色の光の発振に初めて成功した．現在では，気体，液体，固体，半導体の各種のレーザーが使われている．

図 2.88 は，波長 632.8 nm の赤色の光を発振する He-Ne レーザーである．ヘリウムとネオンの混合気体から出た光が 2 枚の鏡の間を往復するたびに増幅されて，外部に放出される．

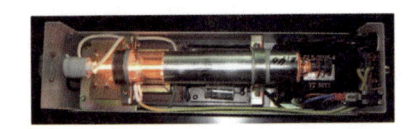

図2.88　He-Neレーザー

レーザー光は，通常の光源からの光と異なり，図 2.89(a) のように，位相がそろっている．また，単色性にすぐれ，指向性がよく，単位面積あたりの光の強度が非常に大きいなどの特徴がある．位相がそろった光を**コヒーレントな光**という．

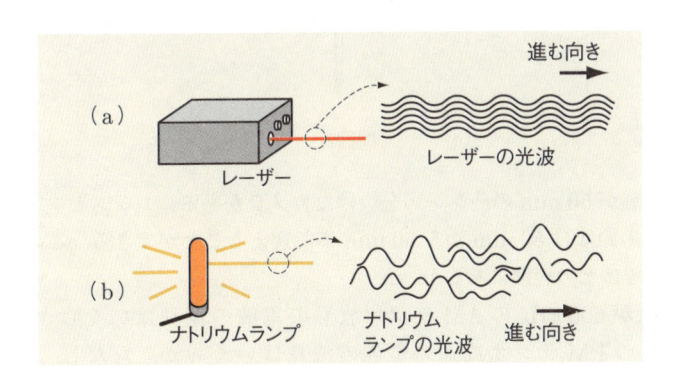

図2.89　レーザー光とナトリウムランプの光

図 2.72 のヤングの実験において，光源にレーザーを使うと，単スリット S がなくても，複スリットの S_1，S_2 に達した光はいつも位相が等しい．そのため，スクリーン上に明暗の干渉縞が現れる．

これに対して，ナトリウムランプや水銀ランプなどの通常の光源は，多数の原子がそれぞれ独立に 10^{-8} 秒以下の短い時間だけ持続する光を出している．そのため，図 (b) のように，ナトリウムランプからの光は位相がそろっていない．

光通信では，半導体レーザーからの波長 $1.55\,\mu\mathrm{m}$ の赤外線が光ファイバーの中を全反射しながら進む．

章末問題

2.1 1969 年，人類が初めて月面着陸したアポロ 11 号の乗組員は，月面に反射鏡を設置した．地球から発射したレーザー光が，この鏡で反射して再び地球に戻ってくるまでに 2.51 秒かかった．地球から月までの距離はいくらか．ただし，真空中の光の速さは $3.00 \times 10^8\,\mathrm{m/s}$ である．

2.2 無色透明な液体であるエチルアルコールから空気中に光が向かうときの全反射の臨界角は何度か．ただし，エチルアルコールの屈折率は 1.36 である．

2.3 問図 2.1 のように，凸レンズの前方に物体 AB がある．この物体上の点 C から出た光のうち，レンズを通過後，光軸上の点 P を通る光線を描け．図の F と F′ は凸レンズの焦点である．

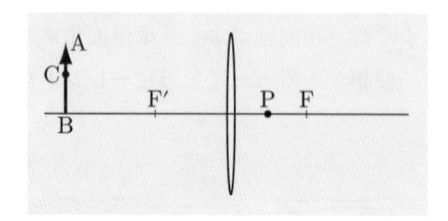

問図 2.1

2.4 焦点距離が 50 mm の凸レンズをつけたカメラがある．レンズとフィルム（または撮像素子）の間の距離は 50 mm から 60 mm まで変えることができる．このカメラで写せる物体までの距離はどの範囲にあるか．

2.5 振動数が 600 kHz の AM ラジオ放送の電波の波長はいくらか．また，振動数が 80.0 MHz の FM ラジオ放送の電波の波長はいくらか．ただし，電波の速さは $3.0 \times 10^8\,\mathrm{m/s}$ である．

2.6 x 軸の正の向きに 4 m/s の速さで進む正弦波がある．問図 2.2 は，その波の時刻 $t = 0\,\mathrm{s}$ における波形を示している．次の問いに答えよ．
(1) 時刻 $t = 0.5\,\mathrm{s}$ における波形を描け．
(2) y を t と x の関数として表せ．

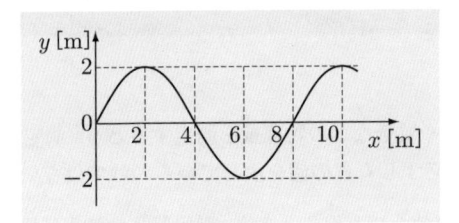

問図2.2

2.7 振動数が 710 Hz のおんさが 2 個ある．一方のおんさの先端に銅線を巻きつけてから，2 個のおんさを同時に鳴らした．そのとき 3 秒間に 9 回のうなりが聞こえた．銅線を巻きつけた後のおんさの振動数は何 Hz か．

2.8 図 2.81(a) に示したように，平凸レンズの上方から波長 589 nm のナトリウムランプの光を垂直に入射させて真上からみると，ニュートンリングのある次数の暗環の直径が 5.2 mm，それより次数が 6 だけ大きい暗環の直径が 7.6 mm であった．この平凸レンズの凸部の曲率半径は何 m か．

付　録

有効数字

　測定器具を用いて長さや質量などの物理量を測定するとき，測定器具の精度や測定者の技量などにより，測定値は必ずしも**真の値**を示しているわけではない．測定値と真の値の差を**誤差**という．一般に，測定値を読み取るときは，測定器具の最小目盛りの $\frac{1}{10}$ まで目分量で読み取る．たとえば，長さ 34.5 cm という測定値は，最小目盛りが 1 cm の測定器具で測定した値であり，図 (a) のように，真の値は 34.45 cm 以上 34.55 cm 未満にあると考えられる．つまり，測定値 34.5 cm の最小桁の 5 は誤差を含んでいる．しかし，34.4 cm や 34.6 cm よりは真の値に近いので，最小桁の 5 は意味のある数値である．よって，3, 4, 5 を意味のある数字として，**有効数字**という．また，測定値 34.5 cm の**有効数字の桁数**は 3 桁（または有効数字は 3 桁）であるという．

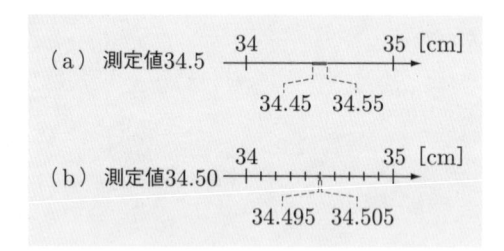

(a) 測定値 34.5 〔34 ── 35 [cm]，34.45 34.55〕

(b) 測定値 34.50 〔34 ── 35 [cm]，34.495 34.505〕

真の値が存在する範囲

　一方，測定値が 34.50 cm であった場合は，最小目盛りが 0.1 cm すなわち 1 mm の測定器具で測定した値であり，図 (b) のように，真の値は，34.495 cm 以上，34.505 cm 未満であると考えられる．測定値 34.50 cm の最小桁の 0 は誤差を含むが，34.51 cm や 34.49 cm よりは真の値に近いので意味のある数値であり，3, 4, 5, 0 までが有効数字であり，有効数字は 4 桁であるという．

　図からわかるように，真の値が存在すると考えられる範囲は，有効数字の桁数が大きいほど小さく，測定精度が高いといえる．このように，34.5 cm と 34.50 cm は，その値の精度が異なり，区別する必要がある．

有効数字の表し方

　二つの長さの測定値が 45 cm と 45.0 cm であったとする．測定値 45 cm の有効数字は 2 桁，測定値 45.0 cm は 3 桁である．これらの測定値を mm 単位で表すと，450 mm であり，有効数字はどちらも 3 桁になってしまう．このような場合，測定値 45 cm を 4.5×10^2 mm，測定値 45.0 cm を 4.50×10^2 mm と**指数表示にすることで，有効数字の桁数を明確にする**ことができる．

（例1）654 m（有効数字3桁）を mm で表すとき，654 m = 654000 mm とすると有効数字が6桁になってしまう．そこで，654 m = 6.54×10^5 mm のように書く．

（例2）0.0570 kg の有効数字は，0.0570 kg = 5.70×10^{-2} kg であるから3桁である．左側の二つの0は**位取りを表す0**であり，**有効数字の0**ではない．

測定値の計算と有効数字

測定値を用いて別の物理量を計算するとき，計算結果の精度は計算に用いる測定値の精度によって決まる．本来求めることのできない精度で計算結果を表すことがないように，以下のようなルールが決められている．

（1）測定値の足し算，引き算

たとえば，高さ 70 cm の机があるとする．その脚の下に厚さ 0.01 cm の紙を置くと，床からの机の高さはいくらになるだろうか．高さが 70 cm とは，小数点以下の値がわからないということであるから，0.01 cm の紙の厚さを足しても，小数点以下の値はわからないままである．よって，70 cm + 0.01 cm = 70.01 cm ではなく，

$$70 \text{ cm} + 0.01 \text{ cm} = 70.01 \text{ cm} \fallingdotseq 70 \text{ cm}$$

となる．このことは，次のように筆算で計算を行うと理解しやすい．

```
    7 0 . ? ?
+)    0 . 0 1
─────────────
    7 0 . ? ?
```

このように，**測定値の足し算，引き算では，小数点をそろえ，最後の位取りがもっとも高いものに合わせて結果を表示する．**

（例1）3.1 mm + 0.821 mm = 3.921 mm ≒ 3.9 mm

（例2）31.6 kg − 31.33 kg = 0.27 kg ≒ 0.3 kg

（2）測定値どうしのかけ算・割り算

たとえば，縦が 10.6 m（有効数字3桁），横が 6.8 m（有効数字2桁）の長方形の土地の面積を求めよう．筆算で計算すると，次のようになる．

```
      1 0 . 6 ?
×)       6 . 8 ?
─────────────────
        ? ?   ? ?
      8 4 8   ?
    6 3 6 ?
─────────────────
    7 2 ? ?   ? ?
```

したがって，72.???? m² となり，小数点以下の値は決められないことがわかる．すなわち，

$$10.6 \text{ m} \times 6.8 \text{ m} = 72.08 \text{ m}^2 ≒ 72 \text{ m}^2$$

であることがわかる．求めた面積の有効数字は2桁であり，これは計算に用いた測定値の有効数字の桁数の小さい方と同じである．**このように，測定値のかけ算，割り算では，有効数字の桁数のもっとも小さいものに合わせて結果を表示する．**

（例1）$2.4 \text{ m/s} \times 2 \text{ s} = 4.8 \text{ m} ≒ 5 \text{ m}$ （2桁 × 1桁 = 1桁）
（例2）$2.4 \text{ m/s} \times 2.0 \text{ s} = 4.8 \text{ m}$ （2桁 × 2桁 = 2桁）

（3）測定値の等分・定数倍

　たとえば，直径 5.4 cm の円の面積を求めよう．計算式は，$\left(5.4 \text{ cm} \times \frac{1}{2}\right)^2 \times \pi$ である．このとき，$\times \frac{1}{2}$ の 2 は，厳密に直径の半分という意味である．また，円周率も測定値ではなく決まった値であるから，**これらは有効数字の桁数を考えない．**よって，測定値である 5.4 cm の有効数字の桁数である 2 桁で結果を表し，

$$\left(5.4 \text{ cm} \times \frac{1}{2}\right)^2 \times \pi = 22.9 \cdots \text{ cm}^2 ≒ 23 \text{ cm}^2$$

となる．

（例1）11.3 kg の 3 等分は，$11.3 \text{ kg} \times \frac{1}{3} = 3.766 \cdots \text{ kg} ≒ 3.77 \text{ kg}$
（例2）半径 1.5 cm の円周の長さは，$2 \times \pi \times 1.5 \text{ cm} = 9.42 \cdots \text{ cm} ≒ 9.4 \text{ cm}$

（4）計算の途中に用いる値

　たとえば，縦 6.88 cm，横 3.03 cm，厚さ 0.761 cm の板の体積を求めよう．これらの数値の有効数字の桁数はどれも 3 桁であるから，

$$6.88 \text{ cm} \times 3.03 \text{ cm} \times 0.761 \text{ cm} = 15.86 \cdots \text{ cm}^3 ≒ 15.9 \text{ cm}^3$$

である．しかし，板の面積を求め，その結果に厚さをかけて体積を求めると，

$$6.88 \text{ cm} \times 3.03 \text{ cm} = 20.8464 \text{ cm}^2 ≒ 20.8 \text{ cm}^2 \quad \text{（面積）}$$
$$20.8 \text{ cm}^2 \times 0.761 \text{ cm} = 15.82 \cdots \text{ cm}^3 ≒ 15.8 \text{ cm}^3 \quad \text{（体積）}$$

となり，最初の計算結果とわずかに異なってしまう．これは，面積の値に，四捨五入して有効数字を 3 桁にした値を用いたためである．そこで，面積の値の有効数字を 1 桁大きくとって体積を計算してみると，

$$20.85 \text{ cm}^2 \times 0.761 \text{ cm} = 15.86 \cdots \text{ cm}^3 ≒ 15.9 \text{ cm}^3$$

となり，最初の結果と一致する．このように，**計算の途中の値は，最終的な有効数字の桁数**

より**1桁大きく計算する**．また，π や $\sqrt{2}$ などの無理数が計算に含まれている場合も，最終的に求める有効数字より1桁大きい値を用いて計算すればよい．

（例1）縦 $2.2\,\text{cm}$，横 $3.4\,\text{cm}$，高さ $1.4\,\text{cm}$，質量 $28.3\,\text{g}$ のアルミニウムの密度は，

$$28.3\,\text{g} \div (2.2\,\text{cm} \times 3.4\,\text{cm} \times 1.4\,\text{cm}) = 2.70\cdots\,\text{g/cm}^3 \fallingdotseq 2.7\,\text{g/cm}^3$$

である．体積を求めてから密度を計算する場合，

$$2.2\,\text{cm} \times 3.4\,\text{cm} \times 1.4\,\text{cm} = 10.472\,\text{cm}^3 \fallingdotseq 10\,\text{cm}^3 \quad \text{（体積）}$$
$$28.3\,\text{g} \div 10.5\,\text{cm}^3 = 2.69\cdots\,\text{g/cm}^3 \fallingdotseq 2.7\,\text{g/cm}^3 \quad \text{（密度）}$$

である（体積に $10\,\text{cm}^3$ を用いると，$28.3\,\text{g} \div 10\,\text{cm}^3 = 2.83\,\text{g/cm}^3 \fallingdotseq 2.8\,\text{g/cm}^3$ となってしまうことに注意しよう）．

（例2）$\pi = 3.141592654\cdots$である．よって，（3）の（例2）で計算した半径 $1.5\,\text{cm}$ の円周の長さは，$\pi = 3.14$ として，

$$2 \times 3.14 \times 1.5\,\text{cm} = 9.42\,\text{cm} \fallingdotseq 9.4\,\text{cm}$$

と計算すれば，電卓を使わなくても正しい結果を得ることができる（$\pi = 3.1$ として計算すると，$2 \times 3.1 \times 1.5\,\text{cm} = 9.3\,\text{cm}$ となってしまうことに注意しよう）．

章末問題解答

第 1 章

1.1 張力の大きさ $T = \dfrac{m_1 m_3 g}{m_1 + m_2 + m_3}$

1.2 (1) 50 N/m (2) 5.0 N (3) 0.20 m

1.3 $h = \dfrac{kx^2}{2mg}$

1.4 $v_B = 10 \text{ m/s}$, $v_C = 10 \text{ m/s}$, $e = 1.0$

1.5 (1) $A = 0.20 \text{ m}$, $T \fallingdotseq 1.6 \text{ s}$ (2) $v = 0.80\cos 4.0t$, $a = -3.2\sin 4.0t$
(3) $|v| \fallingdotseq 0.69 \text{ m/s}$, $|a| \fallingdotseq 1.6 \text{ m/s}^2$

1.6 $t = 3.0 \text{ s}$, $L \fallingdotseq 15 \text{ m}$

1.7 $\tan\theta \geqq 2.0$ (すなわち $\theta \geqq 63°$)

第 2 章

2.1 $3.77 \times 10^8 \text{ m}$

2.2 $47.3°$

2.3 解図 2.1 のようになる．

2.4 30 cm から無限遠方まで

2.5 AM ラジオの電波：$5.0 \times 10^2 \text{ m}$
FM ラジオの電波：3.8 m

2.6 (1) 解図 2.2 のようになる．
(2) $y = 2\sin\left\{\pi\left(t - \dfrac{x}{4}\right) + \pi\right\}$
$= -2\sin\left\{\pi\left(t - \dfrac{x}{4}\right)\right\}$

2.7 707 Hz

2.8 2.2 m

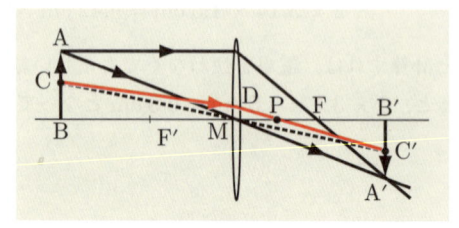

解図 2.1

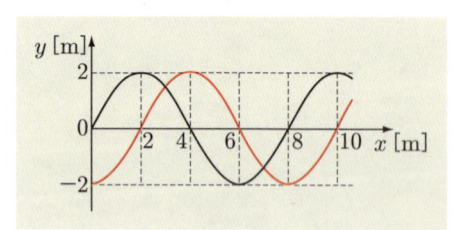

解図 2.2

索 引

あ行

- 圧　力 …………………………… 83
- アルキメデスの原理 …………… 86
- 位　相 …………………… 73, 106
- 位置エネルギー ………………… 42
- ウェーブマシン ………………… 104
- 薄肉レンズ ……………………… 96
- 腕の長さ ………………………… 81
- うなり …………………………… 126
- うなりの回数 …………………… 127
- うなりの周期 …………………… 127
- 運動エネルギー ………………… 40
- 運動の第1法則 ………………… 13
- 運動の第3法則 ………………… 17
- 運動の第2法則 ………………… 16
- 運動の法則 ……………………… 16
- 運動方程式 ……………………… 16
- 運動量 …………………………… 34
- 運動量保存の法則 ……………… 37
- x-tグラフ …………………… 1
- エネルギー ……………………… 40
- 円形波 …………………………… 113
- 遠　視 …………………………… 102
- 遠心力 …………………………… 78
- 鉛直下向き ……………………… 17
- 凹レンズ ………………………… 96
- オクターブ ……………………… 122
- 音の3要素 ……………………… 122
- 重　さ ……………………… 12, 17
- 音　源 …………………………… 120
- 音　波 …………………………… 120

か行

- 開　管 …………………………… 130
- 開口端補正 ……………………… 130
- 回　折 …………………………… 115
- 回折角 …………………………… 145
- 回折格子 ………………………… 145
- 回折波 …………………………… 115
- 回転数 …………………………… 66
- 外　力 …………………………… 26
- 角振動数 ………………………… 73
- 角速度 …………………………… 68
- 可視光線 ………………………… 139
- 加速度 …………………………… 6
- 可聴音 …………………………… 122
- 干　渉 …………………………… 109
- 干渉縞 …………………………… 142
- 慣性の法則 ……………………… 13
- 慣性力 …………………………… 78
- 気　圧 …………………………… 85
- 気　柱 …………………………… 130
- 基本音 …………………………… 129
- 基本振動 ………………………… 129
- 基本振動数 ……………………… 129
- 吸収スペクトル ………………… 151
- 球面波 …………………………… 113
- 共　振 …………………………… 132
- 共　鳴 …………………………… 133
- 共鳴おんさ ……………………… 133
- 共鳴胴 …………………………… 133
- 共鳴箱 …………………………… 133
- 曲率半径 ………………………… 96
- 虚　像 …………………………… 98
- 虚物体 …………………………… 100
- 近　視 …………………………… 102
- 近軸光線 ………………………… 96
- 屈　折 …………………… 91, 117
- 屈折角 …………………… 91, 117
- 屈折の法則 ……………… 92, 118
- 屈折率 …………………… 91, 92
- ケプラーの法則 ………………… 70
- 光学的距離 ……………………… 141
- 光学的に疎な媒質 ……………… 140
- 光学的に密な媒質 ……………… 140
- 光　軸 …………………………… 96
- 格子定数 ………………………… 145
- 向心力 …………………………… 68
- 合成波 …………………………… 109
- 光　線 …………………………… 90
- 光線逆進の原理 ………………… 93
- 剛　体 …………………………… 80
- 合　力 …………………………… 13
- 光路差 …………………………… 141
- 光路長 …………………………… 141
- コヒーレントな光 ……………… 153
- こだま …………………………… 124
- 固定端 …………………………… 110
- 弧度法 …………………………… 68
- 固有振動 ………………… 129, 131
- 固有振動数 ……………………… 129

さ行

- 最大静止摩擦力 ………………… 23
- 作用線 …………………………… 81
- 作用点 …………………………… 81
- 作用・反作用の法則 …………… 17
- 散　乱 …………………………… 152
- 紫外線 …………………………… 151
- 仕　事 …………………………… 39
- 仕事の原理 ……………………… 60
- 仕事率 …………………………… 39
- 次　数 …………………… 143, 145
- 自然光 …………………………… 150
- 自然長 …………………………… 20
- 実　像 …………………………… 97
- 質　点 …………………………… 80
- 質　量 …………………………… 12
- 縞模様 …………………………… 142
- 射　線 …………………………… 114
- 周　期 …………………… 66, 105
- 自由端 …………………………… 110
- 重　力 …………………………… 17
- 重力による位置エネルギー …… 42
- ジュール ………………………… 39
- 純　音 …………………………… 124
- 瞬間の速度 ……………………… 4
- 衝撃波 …………………………… 138
- 焦点 ……………………………… 96
- 焦点距離 ………………………… 96
- 初期位相 ………………………… 106
- 進行波 …………………………… 111
- 振動数 …………………… 73, 105
- 振幅 ……………………………… 73
- 垂直抗力 ………………………… 23
- スカラー ………………………… 49
- スネルの法則 …………………… 92
- スペクトル ……………………… 139
- 正弦曲線 ………………………… 105
- 正弦波 …………………………… 105
- 静止衛星 ………………………… 70
- 静止摩擦係数 …………………… 23

静止摩擦力	23
正立像	98
赤外線	151
赤方偏移	139
絶対屈折率	92
線スペクトル	151
全反射	94, 119
像	90
相対屈折率	93, 118
相対速度	55
像の倍率	100
速度	2
速度の合成	54
素元波	114
疎密波	108

た行

第1宇宙速度	70
大気圧	85
縦波	108
谷	104
谷波	104
単色光	140
単振動	72
単スリット	142
弾性力	20
弾性力による位置エネルギー	43
単振り子	76
力	11
力の合成	50
力のつり合いの条件	51
力の分解	51
力のモーメント	80
超音波	122
超低周波音	122
直線波	113
定常波	111
等加速度直線運動	7
等時性	77
等速円運動	66
等速直線運動	7
動摩擦力	24
動摩擦係数	24

倒立像	97
独立性	110
ドップラー効果	135
凸レンズ	95
トリチェリの実験	85

な行

内力	26
波	103
波の重ねあわせの原理	110
波の干渉条件	115
波の基本式	105
虹	152
入射角	90, 116
入射波	110
入射面	90, 116
ニュートン	12
ニュートンリング	148
音色	124
熱線	151

は行

倍音	129
媒質	90, 103
倍振動	129
倍率	98
白色光	140
波形	104
波源	103
パスカル	83
パスカルの原理	83
波長	105
発音体	120
波動	103
はね返り係数	37
ばね定数	21
波面	113
速さ	1, 105
腹	112
パルス波	105
反射角	90, 116
反射の法則	90, 116
反射波	110

反射防止膜	148
反発係数	37
万有引力	19
万有引力定数	19
万有引力の法則	19
光の干渉条件	143
光ファイバー	94
$v\text{-}t$グラフ	16
復元力	75
複スリット	142
節	111
フックの法則	20
フラウンホーファー線	151
プリズム	94
浮力	85
分光器	151
分散	150
分力	51
閉管	130
平均の速度	3
平行四辺形の法則	50
並進運動	81
平面波	113
ベクトル	49
ヘルツ	73, 105
変位	2, 104
偏光	150
偏光板	150
偏光フィルター	150
ホイヘンスの原理	114
法線	90, 116
放物運動	62
包絡面	114
ホドグラフ	67

ま行

マイクロ波	139
摩擦角	66
虫めがね	99
明視の距離	102

や行

山	104

山　波 …………………… 104	力学的エネルギー ………… 44	レーザー …………………… 153
ヤングの実験 ……………… 142	力学的エネルギー	レンズの後方 ……………… 97
横　波 …………………… 108	保存の法則 …………… 44	レンズの式 ………………… 100
	力　積 ……………………… 34	レンズの前方 ……………… 97
	流　体 ……………………… 83	連続スペクトル …………… 151

ら行

ラジアン …………………… 68	臨界角 …………………… 94, 119	
	レイリー散乱 …………… 152	

監修者
潮　秀樹　　東京工業高等専門学校名誉教授　博士（理学）

執筆者［五十音順］
潮　　秀樹　　東京工業高等専門学校名誉教授　博士（理学）
大野　秀樹　　東京工業高等専門学校准教授　　博士（物理学）
小島洋一郎　　北海道科学大学教授　　　　　　博士（工学）
竹内　彰継　　米子工業高等専門学校教授　　　博士（理学）
中岡鑑一郎　　茨城工業高等専門学校名誉教授　理学博士
原　　嘉昭　　茨城工業高等専門学校准教授　　博士（理学）

撮影協力　株式会社島津理化

編集担当　富井　晃（森北出版）
編集責任　石田昇司（森北出版）
組　　版　ケイ・アイ・エス
印　　刷　丸井工文社
製　　本　ブックアート

高専テキストシリーズ
物理　上　　　　　　　Ⓒ 潮秀樹・大野秀樹・小島洋一郎・竹内彰継・
力学・波動　　　　　　　　　中岡鑑一郎・原嘉昭　　　　　　　2013

2013年10月7日　第1版第1刷発行　　【本書の無断転載を禁ず】
2019年2月20日　第1版第6刷発行

著　　者　潮秀樹・大野秀樹・小島洋一郎・竹内彰継・
　　　　　中岡鑑一郎・原嘉昭
発 行 者　森北博巳
発 行 所　森北出版株式会社
　　　　　東京都千代田区富士見1-4-11（〒102-0071）
　　　　　電話 03-3265-8341／FAX 03-3264-8709
　　　　　https://www.morikita.co.jp/
　　　　　日本書籍出版協会・自然科学書協会　会員
　　　　　JCOPY ＜（一社）出版者著作権管理機構委託出版物＞

落丁・乱丁本はお取替えいたします。
Printed in Japan／ISBN978-4-627-15511-4

三角比の定義

直角三角形の三つの辺の長さと角度 θ の関係を表したものを**三角比**という．角度 θ を変数として，三角比の値を与える関数を**三角関数**という．

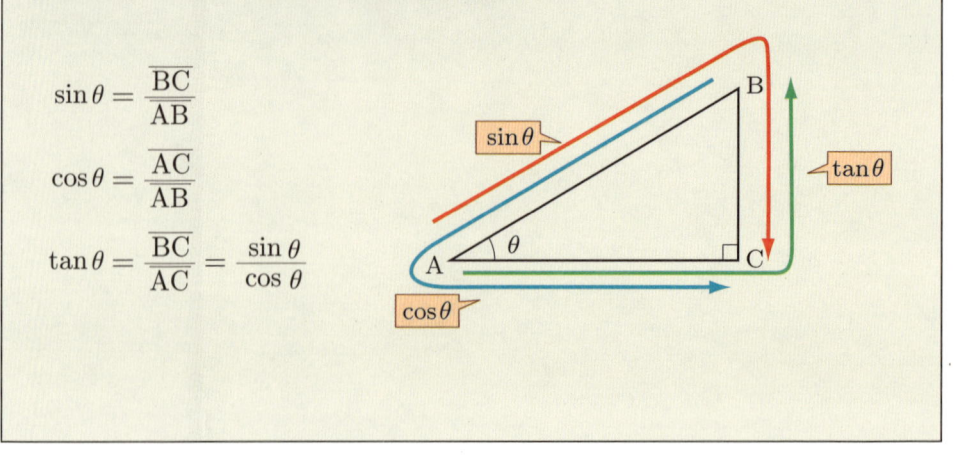

$$\sin\theta = \frac{\overline{BC}}{\overline{AB}}$$

$$\cos\theta = \frac{\overline{AC}}{\overline{AB}}$$

$$\tan\theta = \frac{\overline{BC}}{\overline{AC}} = \frac{\sin\theta}{\cos\theta}$$

弧度法（ラジアン）

角度 θ を，円の半径 r と弧 AB の長さ s の比で表す方法を**弧度法**という．弧度法による角度の単位は**ラジアン** [rad] である．

$$\theta = \frac{s}{r} \text{ [rad]}$$

$$1\text{ rad} = \frac{180°}{\pi} \fallingdotseq 57.3°$$